# 数学を嫌いにならないで

## 文章題にいどむ篇

ダニカ・マッケラー
菅野仁子 訳

岩波ジュニア新書 877

MATH DOESN'T SUCK
How to Survive Middle-School Math without
Losing Your Mind or Breaking a Nail

by Danica McKellar



First published 2007
by Hudson Street Press, New York.
This Japanese edition published 2018
by Iwanami Shoten, Publishers, Tokyo
by arrangement with
Avery (formerly Hudson Street Press),
an imprint of Penguin Publishing Group,
a division of Penguin Random House LLC
through Tuttle-Mori Agency Inc., Tokyo.

# 目　次

[基本のおさらい篇　目次]

# 分数を小数に直す

## 役に立つ数学

あなたは50ドル持っていて、素敵な青のサンドレスが買いたいのだけれど、それが62ドルだったとしましょう。残念！ お金が足りない。ちょっと、待って。値札に、$\frac{1}{5}$値引きのセール品と書いてある。それを考慮すると、お金は十分でしょうか？ えーと、表示額の $\frac{1}{5}$ 値引きということだから、62ドルの $\frac{4}{5}$ がわかればいいのですね。そうすれば、そのドレスのセール価格がわかるのではないですか？

このドレスは、逃すには惜しいほどかわいいから、62の $\frac{4}{5}$ を計算しましょう。（二つの数が“の”で結び付けられているときは、‘掛け算’を意味していることに注意しましょう。これは、第15章で、さらに詳しく学びます。）

$$62\text{の}\frac{4}{5} = \frac{4}{5} \times 62 = \frac{4}{5} \times \frac{62}{1} = \frac{4 \times 62}{5 \times 1} = \frac{248}{5}$$

おっと！ 最後の $\frac{248}{5}$ は、お金を表すようには思えませんね。お買い物上手なあなたは、どうしたらいいでしょう？ これは、分数を小数に直す例を示す絶好のチャンスです。

## 分数から小数への変換

**分数は、仮面をかぶった割り算の問題！**

これは、第4章で触れたことなので覚えているかもしれませんが、分数は、割り算の問題が変装したものと同じで、分数から小数への道は、まさに割り算をすることによって到達できるのです。まじめな話、あなたに割り算ができれば、分数を小数に直すことができるのです。

簡単な分数、$\frac{1}{2}$ で考えてみましょう。たぶん、あなたは、$\frac{1}{2}$ が0.5だという事実を知っているでしょう。さて、分数を割り算の計算として扱いたいので、1を‘割り算の家’の中に押し込んで、$\frac{1}{2} \rightarrow 2\overline{)1}$ としてみましょう（基本のおさらい篇61ページで見たように分数は、上から下に、1割る2と読むこともできました）。

$$\frac{1}{2} = 2\overline{)1} = 2\overline{)1.0} = 2\overline{)1.0}^{\,0.5}$$

-10

0 → できた！

さぁ、どうですか？ 割り算によって、0.5が求められたではありませんか？ 今まさに、割り算を通して $\frac{1}{2} =$

0.5を示したことになります。あなたは、おそらく、$\frac{1}{4}=$ 0.25ということにも気づいているでしょう。結局のところ、1ドルの4分の1であるクォーター硬貨は、25セントだからです。1を4で割って、何が起こるか見てみましょう。答えは、0.25になるはずではありませんか？

$$\frac{1}{4} = 4\overline{)1} = 4\overline{)1.00} = 4\overline{)1.00}\ \text{商 } 0.25$$

$$\begin{array}{r} 1.00 \\ -8\phantom{0} \\ \hline 20 \\ -20 \\ \hline 0 \end{array}$$

→できた！

まさに、その通り。それから猫まね分数の値は、いつも1だとわたしが話したのを覚えていますか？　では実際に、猫まね分数の一つである $\frac{4}{4}$ を使って、これが1であることを確かめてみましょう。実際に、割り算の問題として計算すると、答えはどうなるでしょう。

$$\frac{4}{4} = 4\overline{)4} = 4\overline{)4}\ \text{商 } 1$$

$$\begin{array}{r} 4 \\ -4 \\ \hline 0 \end{array}$$

→できた！

これは、今までやった中で、一番やさしい割り算になりました。はい、その通り、$\frac{4}{4}=1$ でした。そして、たったこれだけなのです。分数を小数に直すには、割り算をすればいいだけなのです。

**ここがポイント！**　答えが小数になるような割り算をするときは、割られる数の小数点は、固定しておいて、そのうしろにその割り算を終えるのに必

要なだけの 0 をつけることができたことを、思い出してください。たとえば $2\overline{)1}$ は、$2\overline{)1.0}$ でもいいし、$2\overline{)1.00}$ でもいいのでした。（小数点のあとに 0 をいくらつけても、その数の値は変わらないということを、覚えておきましょう。）そして、その小数点の位置は、'割り算の家' の屋根をちょうど真上にすりぬけて、答えの小数点の位置と一致しなければいけないのです。それだけ気をつけてあとは、普通に割り算を実行すれば、屋根の上に現れた小数点も含めたその数が、あなたが求めたい答えになっているのです。そして、あなたがどのくらい余分に 0 を書き加えたかは、まったく答えには影響しないのです。もし、必要なければ、使わなくていいのです。使われなかったからといって、その 0 たちが、気分を害したりしないことだけは、わたしが保証します。

## ステップ・バイ・ステップ

分数を小数に直すには？

　ステップ **1.** 分子を右下に落として、$\frac{\text{分子}}{\text{分母}} = \text{分母}\overline{)\text{分子}}$ の '割り算の家' の形を作る。

　ステップ **2.** '割り算の家' の中にある分子に小数点を書き加え、あとで必要になるかもしれないので、0 を適当に書き足しておく。また、屋根の上にくる答えの小数点の位置を、あらかじめ上下で揃うように書き加えておく。

ステップ **3.** 普通の割り算をするのと同じように、割り算を実行すれば、できあがり。

さぁ、分数を小数に直してみましょう。章のはじめのところで話した、青いサンドレスのことを覚えていますか？ あなたがお財布の中に持っている 50 ドルで、それが買えるかどうか、知りたかったのでした。そのドレスは、62 ドルの元値からその $\frac{1}{5}$ だけ値引きされていたので、わたしたちは 62 ドルの $\frac{4}{5}$ を計算して、$\frac{248}{5}$ ドルという答えを得たのでした。しかし、$\frac{248}{5}$ ドルというのが、あなたのお財布の中でどんな意味を持つか知るためには、$\frac{248}{5}$ を小数に直す必要があるのです。今ではどうすればいいか、完璧にわかっていることでしょう。

ステップ **1.** 分子を '割り算の家' の中に入るように、割り算の問題を書き出します。つまり、$5\overline{)248}$ の形にします。

ステップ **2.** 必要なところに 0 を書き加えて、小数点は、'割り算の家' の中と上で、ぴったり揃うようにします。$5\overline{)248.\mathbf{0}}$。

ステップ **3.** 普通の割り算を実行します。

```
     49.6
5 ) 248.0
  - 20
     48
   - 45
      30
    - 30
       0 → できた！
```

49.6 ⇒ $49.60

というわけで、セールになったサンドレスの値段は、49 ドル 60 セントとでました。あなたは 50 ドル持っているので、それを買うことができます！（そう、‘税金なし’のサービスもしていたので、税金も払う必要がありませんでした。）数学のスーパースターになると、便利なことが、よくあります。

### 計算機を使うコツ

計算機を使うことが許される場合は、分数を小数に直すのは簡単で、分数を割り算の問題に直してから、計算機で割り算の答えを求めればいいのです。だから、あなたが本当に奇妙な分数、$\frac{90616}{1928}$ のような数を小数に直すうえで、あなたがやらなければいけないのは、それを割り算の問題、つまり、$1928\overline{)90616}$ の形にして、計算機のボタンを操作することだけです。順番を間違えないようにすることだけは、気をつけてください。簡単に、正しい順番で割り算をしているかどうか確かめるには、分子が分母より大きい $\frac{90616}{1928}$ のような仮分数では、答えは 1 より大きくなるはずです。なぜかというと、どんな仮分数の値も 1 以上だからです。そしてもし $\frac{2}{17}$ のような、分子のほうが分母よりも小さい普通の分数の場合は、割り算を正しい順番で計算機に打ち込んだら、1 より小さな数が答えになるはずです。いいえ、ここではまだ、いかに計算機がどうしようもないボーイフレンドといっしょなのか、説明しません。もう少し待ってください。

次の分数を小数に直しましょう。はじめの問題は、わたしがしてみせましょう。

1. $\frac{3}{8} =$

解：分子の 3 を‘割り算の家’の中に押しこんで、3 割る 8 を実行しましょう。

$\frac{3}{8}$ 押しこむ！ ⟶

```
    0.375
8)3.000
 -24
   60
  -56
   40
  -40
    0 →できた！
```

答え：0.375

2. $\frac{2}{5} =$

3. $\frac{1}{8} =$

4. $\frac{6}{4} =$

みんなの意見

「今年から、数学の上級クラスに入ることになって、突然、内容が難しくなりました。授業が難しくなるにつれて、より真剣に勉強している自分に気づいたのです。信じられないかもしれないけれど、それを楽しんでいるのでした。気づいたことは、物事が自分の届かないところにあると思うと、よけいに全部手に入れたくなるということでした。わたしが思うに数学は、わたしたちに、わたしたちが何かに秀でていると感じ、自分自身を誇りに思う機会を与えてくれるのです。あなたが何か難しいものを理解することができたとき、あなたは自分が頭がいいのかもしれないと思えるし、そのことで何か他のことでも、すごいことができるかもしれないと、自覚しはじめるかもしれません。」マディー(12 歳)

## 帯分数を小数に変換する

ただの分数ではなく、あなたが、$6\frac{2}{5}$ のような帯分数を小数に直したいとしましょう。朝飯前でしょう！

ここがポイント！ $6\frac{2}{5}$ は、$6+\frac{2}{5}$ という意味でした。言い換えると $6\frac{2}{5}$ は、6 枚の丸ごとピザと、もう一枚のピザの $\frac{2}{5}$ をあわせた量でした。(帯分数の復習は、基本のおさらい篇 58 ページにあります。)

## ステップ・バイ・ステップ

帯分数を小数に直す。

やり方が二つあります。どちらでも正しい答えがでます。あなたの好みで、どちらでも。

**やり方 1.** はじめに分数の部分だけを計算し、その答えの小数と整数の和が、最終的な答えになる。

**やり方 2.** あるいは、帯分数全体を仮分数に直し、それから割り算を実行する。

割り算を実行するときは、分数を小数に直すときのステップに従う(5ページ参照)。

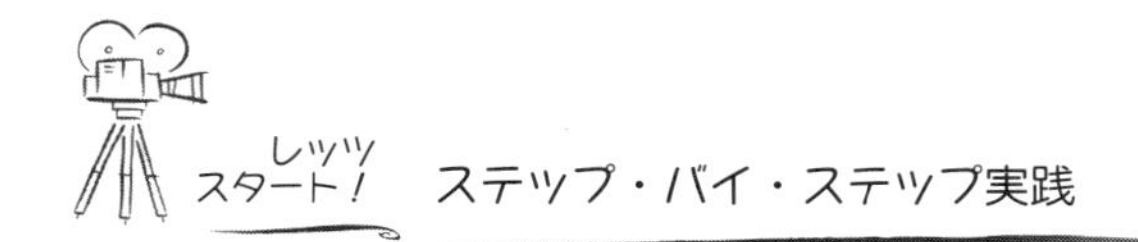


## ステップ・バイ・ステップ実践

$6\frac{2}{5}$ を小数に直す。

**やり方 1.** まず、$6\frac{2}{5}$ を $6+\frac{2}{5}$ と考えて、分数部分だけをはじめに変換する。2 割る 5 は 0.4 なので、両方の部分をいっしょにして、$6+0.4=6.4$ が導かれます。

**やり方 2.** まず、帯分数を仮分数に直します(基本のおさらい篇66ページで見た、MAD 方式を使いましょう。):
$6\frac{2}{5}=\frac{32}{5}$ がわかります。次に、32 を 5 で割りましょ

う。小数の割り算(基本のおさらい篇196ページ参照)をすると、商は6.4です。このように、同じ答えがでます。

どちらの方法でも、あなたが一番簡単だと思うほうを使うべきでしょう。数学で方法が選べるというのも、たまには悪くないではありませんか？

### 練習問題

次の帯分数を小数に直しましょう。はじめの問題は、わたしがしてみせましょう。

1. $3\frac{4}{5} =$

解：$3\frac{4}{5} = 3 + \frac{4}{5}$ だったことを思い出して、わたしは、やり方1を使います。まず分数の部分だけ、割り算4割る5を使って0.8を得ます。それを、整数部分の3といっしょに足して、最終的な答えを導きます。

答え：$3 + 0.8 = 3.8$

2. $1\frac{1}{5} =$
3. $2\frac{3}{4} =$
4. $3\frac{1}{2} =$

## 小数に変換する→循環小数

あなたが分数の割り算で、小数に直そうとするとき、割っても割っても余りが0にならずに、割り算が終わらないことがあります。たとえば、$\frac{1}{3} = 0.333333333333333\cdots$ は、よく知られているでしょう。“…”の部分は、3が繰り返して現れることを意味しています。そう、永遠に続くのです。別の言い方をすると、小数の部分で、所定の数が繰り返しでてくるのです。これを表すために、繰り返しの数の上に、バーをつけることがあります。つまり、$\frac{1}{3} = 0.\overline{3}$。

さぁ、割り算をすることによって、どんなふうにこの繰り返しの部分がでてくるのか、見てみましょう。1を、小数点のあとに必要なだけ0をつけたした1.000などに置き換えて、$3\overline{)1.000}$ を実行してみましょう。

```
              0.333
1/3 =     3 ) 1.000
             -9
              10
             - 9
               10
              - 9
```

これはしつこい！　この割り算は、あなたが見てわかるように、いつまでたっても終わるところを知りません。たとえどれだけ0を付け加えてもです。今の時点では降参して、次のように言っておきましょう。「わかった、それならその通りにしておいてくれ。おまえの頭の上に小さなバーをのせて、それでよしということにしておこう。」というわけで、$\frac{1}{3} = 0.\overline{3}$ となったのでした。

## ステップ・バイ・ステップ

分数を循環小数に直す。

ステップ **1.** 分数の上の数を、下の数で割る。分子が割られる数になるように、‘割り算の家’ の中に入れる。

ステップ **2.** 割られる数の小数点以下に、0を付け足して必要な場合に備える。同じ位置の小数点を商にも、前もって記しておく。

ステップ **3.** 商の小数点以下に、繰り返しの部分が出てくることに気づいたら、その繰り返しの部分の上に、バーをつけてできあがり。

ring ring

**この言葉の意味は？・・・循環小数**

循環小数は、小数点以下に繰り返しのパターンが見られる小数のこと。たとえば、0.33333…，8.818181…，0.123123123123…などは、すべて循環小数です。これらは、バーを使って、$0.\overline{3}$，$8.\overline{81}$，$0.\overline{123}$のように表されます。

## ステップ・バイ・ステップ実践

さぁ、次の分数(その小数は、繰り返しがあるでしょう)を小数に変換してみましょう。

$$\frac{92}{66} = ?$$

割り算を始める前に、これは、約分できるのでは？ その通り、分母と分子が両方とも偶数だから、約分ができます。それでは、約分を実行して、わたしたちの割り算を少しでも簡単にしましょう。

$$\frac{92}{66} = \frac{92 \div \mathbf{2}}{66 \div \mathbf{2}} = \frac{46}{33}$$

もっと、約分できるでしょうか？ さてと、33 の約数は 3 と 11 だけで、どちらの数も 46 の約数ではないので、おそらくこれがもっとも簡単な分数でしょう。いいでしょう、次のステップに行きましょう。

ステップ **1** と **2.** $\frac{46}{33}$ を割り算の形にして、余分な 0 と小数点を付け加えましょう。

$\frac{46}{33} =$ 

```
      1.3939
33 ) 46.0000
    -33
     130
    - 99
      310
    - 297
       130
     -  99
        310
     -  297
```

同じパターンの繰り返し

途中の計算

$33 \times 3 = 99$　　$33 \times 9 = 297$

商の小数点以降に、39 が繰り返し現れることに気をつけましょう。それでわたしたちの答えは、$\frac{92}{66} = 1.\overline{39}$ となります。

**要注意！**　いつも、小数点以下の数が本当に繰り返されていることを、よく確認してからバーをつけるようにしましょう。たとえば、$\frac{2}{9}$ と $\frac{9}{40}$ を比べてみましょう。特に、割り算の途中に出てくる引き算が繰り返されているかどうか、注意を向けましょう。

```
2/9 =     0.222...          9/40 =      0.225
      9 ) 2.0000                   40 ) 9.0000
         -1 8                          -8 0
           20                            100
          -18                           - 80
            20                            200
           -18                          - 200
             20                              0 →できた！
```

引き算が繰り返される　　引き算は繰り返されない

だから、$\frac{2}{9} = 0.\overline{2}$ で、これは循環小数です。でもよく注意しないと、$\frac{9}{40}$ の割り算で、早合点して早目に切り上げてしまうと、これも循環小数と判断してしまうかもしれません。商として、2 が二回繰り返されているでしょう？ しかし実際のところ、$\frac{9}{40} = 0.225$ なので、これは、まったく循環小数ではないのです。それでは、安全に循環小数であることを確認し、どの時点で割り算を止めればいいか判断するには、どうしたらよいのでしょう？

もっとも良い方法は、割り算の過程で出てくる引き算で、同じものが繰り返されているか確認することです。$\frac{9}{40}$ では、はじめに、90 から 80 を引き、次には 100 から 80 を引いています。引き算自体、変化しています。それに比べて $\frac{2}{9}$ では、同じ引き算が繰り返されています。20 から 18 を引くという引き算が、繰り返し、繰り返し出てきます。

## テイクツー！　別の例でためしてみよう！

$$\frac{7}{12} = ?$$

ステップ **1** と **2.**　7 を 12 等分するために、7 と商にそろえた小数点を加え、7 の小数点以下に 0 を付け加えて、普通に計算する。

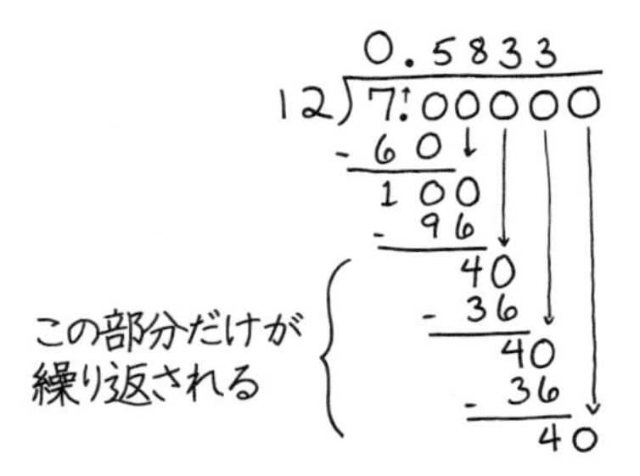


答え： $\frac{7}{12}=0.58\overline{3}$

小数点以下の数の全部が繰り返される必要はない、ということに気が付きましょう。というわけで、本当に繰り返されている部分にだけ、バーを引くことが大切なのです！

これらの循環小数は、数学では日常茶飯事です。そして、分数を小数に直すとき、いつ繰り返しが出てくるかは予測できないのです。

### 練習問題

次の分数を小数に直しましょう。循環小数になるものも、ならないものもあります。はじめの問題は、わたしがしてみせましょう。

1. $\frac{5}{33}=$

解：この分数は、これ以上簡単にできない既約分数なので、割り算を実行するだけです。

$$\frac{5}{33} = 33 \overline{)5.00000}$$

0.1515…

33 ) 5.00000
 − 33
 170
 − 165
 50
 − 33
 170
 − 165
 50

途中の計算

33
× 5
165

答え：$\frac{5}{33} = \mathbf{0.\overline{15}}$。おしまい。

2. $\frac{4}{15} =$

3. $\frac{6}{15} =$

4. $\frac{23}{33} =$

5. $1\frac{1}{9} =$

（ヒント：この問題は、はじめに仮分数に直してから割ることもできるし、整数部分と分数部分を分けて扱って、分数の割り算をしたあとでそれぞれの和をとることもできました。どちらでも、好きなほうを使いましょう。）

要注意！　電卓と循環小数について、ちょっと一言アドバイス。電卓は、‘ずっと続く’という概念をどう扱っていいか、わからないのです。電卓は、短時間に起こることしか理解できないのです。(男の子でも、その場限りというか、こういうタイプがいるのは、みんなが気づいていることですが。) 電卓は、‘ずっと続く’数をみると、どうしていいかわからなくなり、四捨五入して丸めてしまうのです。たとえば、少し割り算をしてみれば、簡単に $\frac{2}{3} = 0.\overline{6}$ ということがわかりますが、電卓で $2 \div 3$ をすると、0.6666666667 のような答えを返してくるでしょう。7 は、どうしてここにあらわれるのでしょう。電卓は、6 が永遠に続くということが理解できなくて、それが表示できる最後の数字を丸めて返してきたのです。しかし、0.6666666667 は正しい答えではありません。電卓は、永遠という考え方ができないので、電卓は、循環小数には良くないのです。ずっと続くということが理解できないなんて、ボーイフレンドとしては、最悪でしょう。

## この章のおさらい

- 分数を小数に直すときは、分子を‘割り算の家’の中に入れて、分母で割りましょう。結局のところ分数は、割り算の問題の仮の姿なのですから。

- 帯分数を小数に直すやり方には、二通りあります。変換する前に、帯分数を仮分数に直してから割り算を実行するか、分数の部分だけ小数に直して、それからその小数を整数と足し合わせるかの二通りです。

- その割り算の過程がずっと続いて、繰り返しのパターンが見られるようなら、割るのを止めて、繰り返しの部分の上に、小さなバーを載せます。

- 割り算を始める前に、いつも、その分数が約分できないか考えて、もしできるのであれば、約分できるだけ約分しましょう。割り算をするときは、少しでも小さい数のほうが助かりますから！

**先輩からのメッセージ**

ステファニー・ピーターソン（テキサス州ダラス市）

過去：数学に悩まされていた生徒

現在：石油アナリスト、女優、ウェブサイトデザイナー

わたしは、家庭的に問題のある家で育ちました。そして、学校から帰ると、ほとんどの時間、テレビを見たり、音楽を聴いたり、なんでもいいから、両親と、そのふたりの問題から気を紛らわせることをして過ごしました。一生懸命勉強しなかったので、数学のテストのときはいつも、心配になったり後悔したり、がっかりしたりばかりでした。テストが返されたときは、ＣやＤだったために、涙をこぼすこともしばし

ばでした。

そして大学では、演劇科に所属しました。(演劇は、わたしの最初に夢中になったものでした。) 卒業するためには、数学のクラスを一つだけとればよかったので、できるだけ早く片付けてしまいたいと思いました。一年生のとき、数学のサークルに参加しました。クラスで冗談の種ぐらいになればいい、という軽い気持ちでした。それは、間違いでした。内容がおもしろい(わたしにとっては、驚きでした)だけでなく、担当の教授は、ファッショナブルなジル・ダメンスニルという名前の女性でした。彼女は頭がいいだけでなく、とってもかわいらしかったのです。

その学期が始まって二、三週間経ったころ、ダメンスニル教授は、いかに一生懸命がんばっているかということに気づいて、わたしに、そのコースのリーダーになってみてはどうかと訊いてくれました。「あなたは本当にこれに向いているようだけど、自分で自覚していましたか？ あなたなら、きっとできます。」と、言ってくださいました。こんなふうに、数学に関してわたしを勇気付けてくれた人は、それまで誰もいませんでした。わたしは、「はい、やってみます。」と言ったものの、すぐに後悔しました。わたしは、数学が嫌いだったはずでしょう？ しかし、いったん他の人たちを助けはじめて、みんなも数学ができるんだということを発見してからは、数学に夢中になっていました。わたしがとった数学のクラスを通じて、わたしは、もっともっと深く数学を愛するようになりました。最終的にわたしは、数学と演劇の両方を専攻することになったのです。

現在わたしは、石油アナリストとしてのわたしの仕事を通じて、毎日数学を使っています。石油アナリストって、何をするかって？

基本的にわたしは、エンジニアの人たちといっしょに、石油や天然ガスの経済性について分析しているのです。わたしたちは、会社や個人に対して、彼らが所有している土地から、どれだけの石油や天然ガスが採掘できて、どれだけの金額がそこから収入として得られるかの、見積もりをしてあげるのです。

どうしてそれがそんなに素晴らしいことか、ですって？ そうね、その仕事についての素晴らしい条件（わたしだけの、素敵なオフィスを持っているのです。いいでしょう？）と、お給料がいいこともあるけど、それより、何と言ってもわたしは、自分のやっていることが大好きだってことです。

それから、わたしがもう一つ学んだことは、仕事を一つにしぼらなくてもいいということです。最近わたしは、個人でウェブデザインの仕事（www.ActingWebDesign.com）を始めました。そして、わたしの女優としての仕事はどうなったかというと、それも続けています。実は、わたしがこの本の著者、ダニカ・マッケーラと出会ったのも、テレビ番組「ママは、探偵」の撮影現場だったのです。そして、そこでダニカから、わたしの物語を、読者のみなさんに紹介して欲しいと頼まれたのでした！

# 小数を分数に直す

一つ前の章でわたしが、あなたに割り算ができるなら、分数を小数に直せますと言ったことを覚えていますか？ さて、これはどうですか？ あなたに数を数える能力があるのなら、小数を分数に直せます。本当のことです。それはそんなに難しいことではなくて、そのやり方を覚えると、日常生活を送る上で、誰にとってもとても重宝します。

## 小数から分数への変換

小数から分数への変換は、一般の小数(ここでは循環小数や、分数で表せない、有理数でない小数は含みません。単に、有限で終わる小数のことをさしています。有限で終わる小数についてさらに詳しいことは、32 ページを参照してください)は、分母に、10, 100, 1000, 10000 などを持つ分数として書き直すことができることに気づくことで、解決されます。

たとえば $0.3=\frac{3}{10}$ であり、$0.37=\frac{37}{100}$ だからです。

唯一ここで必要なことは、0 をいくつ使えばいいかということだけです。それは、そんなにたいへんなことではありません。

ダニカの日記から・・・チョコレートシェーク狂想曲

二、三ヶ月前、わたしは、大きなボトルでオーガニックのチョコレートシロップを買いました。わたしはそのとき、昔ながらのチョコレートシェークを手作りするのはどんなに楽しいことだろうと、想像していたのでした。オンラインで、1920 年代までさかのぼったとっておきのレシピを手に入れていたのでした。

1 杯のシェークを作るのに、$\frac{1}{8}$ カップのチョコレートシロップが必要であることがわかりました。わたしは、友人のグループに、十分いきわたるだけのチョコレートシェークを作るつもりでいたので、わたしの買ったボトルで何杯のシェークが作れるのか、知りたかったのです。わたしは、$\frac{1}{8}$ カップで 1 杯のシェークができることを知っていたので、1 カップのシロップがあれば、8 杯のシェークが作れることを承知していました。全部で何杯のシェークが作れるかを知るためには、ボトルの中に何カップのシロップが入っているか知ればよかったのです。

問題が一つありました。そのボトルは、1.03507 リットルの内容量を含むと表示されていたのです。わたしは、それが何カップにあたるか、知る必要がありました。幸いなことに、単位の換算(たとえば、グーグルなどで、'単位換算表' を検索してみましょう。)を助けるウェブサイトはたくさんあるので、わたしは、1.03507 リットルが、おおよそ 4.375 カップにあたることをつきとめました。

4 カップの部分はわかったのですが、0.375 カップが何を意味するのか、はっきりはわかりませんでした。この小数が分数で表されていれば、はっきりしたのですが。どれだけ必要かは、分数で表されていたからです。そこでわたしは、以下に述べるステップに従って、小数 0.375 を分数に変換したのでした。

## ステップ・バイ・ステップ

小数から分数への変換

ステップ **1.** 与えられた小数の小数点から右に、何桁の数字が並んでいるか数える。

ステップ **2.** それと同じ数だけの 0 を 1 のあとにつければ(たとえば、10, 100, 1000, 10000 など)、それが求める分数の分母になる。

ステップ **3.** 与えられた小数の小数点をはずす。それが、求める分数の分子になる。

ステップ **4.** 約分できるか確認することを忘れないこと。これ以上約分できない形、つまり既約分数になれば、それが最終的な答えになる。

## スタート！(レッツ) ステップ・バイ・ステップ実践

では、小数 0.45 を分数にしてみましょう。

ステップ **1.** 小数点から、右に二つの数字(4 と 5)があることを確認する。

ステップ **2.** 1 のあとに、0 を二つつけて、分母とする。つまり、$\frac{1}{100}$。0.45 から小数点を除いて、分子とする。つまり、$\frac{45}{100}$ となる。

ステップ **3.** 分母分子を 5 で約分して、$\frac{9}{20}$ となる。そして答えは $0.45 = \frac{9}{20}$ で、終了。

## ツー！(テイク) 別の例でためしてみよう！

それでは、先ほど話したチョコレートシロップの問題に挑戦してみましょう。さぁ、0.375 を分数に直してみましょう。

ステップ **1.** さて、小数 0.**375** では、小数点の右に三つの桁があります。

ステップ **2.** そこで、三つゼロのある分数を作ると、$\frac{?}{\mathbf{1000}}$ ができます。

ステップ **3.** 与えられた小数から、小数点を取り除いた数を分子として、$\frac{375}{1000}$ が得られます。

ステップ **4.** もっと簡単にできますか？ 分子分母を 25 で割ると、$\frac{375}{1000}=\frac{375\div\mathbf{25}}{1000\div\mathbf{25}}=\frac{15}{40}$ となります。これは既約分数でしょうか？ いいえ、まだ分子も分母も 5 で割り切れるようです。$\frac{15}{40}=\frac{15\div\mathbf{5}}{40\div\mathbf{5}}=\frac{3}{8}$ というわけで、$\frac{3}{8}$ が、最終的な答えのようです。

なるほど、0.375 カップは、$\frac{3}{8}$ カップのことだったのです。そしてシロップのボトルは、内容量が 4.375 カップだったということは、そのシロップは、$4\frac{3}{8}$ カップあるということと同じ意味だったのです。1 カップのシロップで、8 杯のシェークが作れることはわかっているので、4 カップあれば、$4\times8=32$ 杯のシェークが作れることがわかります。さらに $\frac{3}{8}$ カップのシロップから、3 杯のシェークを作ることができるので、全部で $32+3=35$ 杯のシェークができるということです。おいしそう！

どうしてかな？

でも、「その小数が循環小数のときは、どうなるんだろう？」と、あなたは思ったかもしれません。なぜなら循環小数は、小数点から右の部分を無限に繰り返していくので、小数点から右にいくつの桁が並ぶのか数えることなんて、できない？

いい質問です。とりあえず今のところは、小数点以下の数字がすべて繰り返し出てくる場合、たとえば $0.\overline{123}$ のような循環小数について、どうやって分数に変換するのか、そのやり方を紹介しましょう。

## 循環小数を分数に変換する方法

「ノー、ノー、ノー、ノー、ノー、ノー、ノー、ノー、ノー、ノー、ノー、ノー！」(やだ、やだ、やだ、やだ、やだ、やだ、やだ、やだ、やだ、やだ、やだ、やだ！）こんなふうに、同じことを何度も繰り返して、泣き叫ぶ幼い弟や、妹の世話をしなければならなかった経験はありませんか？

本当に、手が焼けること！ 実際、世界中の幼い子どもたちが、これをするのです。しかもそれをするときの言葉の響きは、非常に似通っているのです。‘ノー’という否定のことばは、多くの言語でとても似通っているということを、知っていましたか？ 他の単語に比べて、はるかに共通点があるのです。ちなみに見てみると、ノー

(no)、ノン(non)の他、nao、nyet、nej、nee、ne、nie、nem、nu など、とても似ているでしょう？ ドイツでは、幼い子どもが、「ナイン、ナイン、ナイン、ナイン、ナイン、ナイン、ナイン、ナイン、ナイン！」(**実際、ドイツ語の 'no' は、'nein' というふうに書くのですが、発音は、'nine' (ナイン、9)と同じなのです**)と、泣き叫ぶのを耳にするでしょう。

小さい子が、「９！」と繰り返し叫ぶのが想像できるではありませんか？ これは、ちょっとおもしろいことができそうです。その子のアイスクリームをとりあげてから、こんなふうに質問することもできます。「ブロッコリーをいくつ食べたいかな？」そしてその子が、「9！ 9！ 9！」と繰り返し叫ぶところを想像してみてください。

もちろん、そのドイツの子どもが、外国語を理解してそう言っているのではありませんが、それでも、楽しいではありませんか？ そしてアイスクリームは、すぐに返してあげたほうがいいでしょう。さもないと、何かを投げつけられるかも知れませんから。

そうです。あなたはもう気づいたかもしれませんが、この幼い子どもが繰り返し「ナイン(9)」と叫んでいたことが、循環小数と関係しているのです。わたしたちが循環小数を分数に直すとき、1 のあとに 0 をつけたものを分母として使うかわりに、何を使うのかあててみてください。ずばり、9 を使うのです。一つだけ、気をつけなければいけないのは、整数部分(もし、それが存在しているときは)を、循環小数の部分とは別に処理することです。では、どんなふうにするか、見てみましょう。

## ステップ・バイ・ステップ

循環小数を分数に直すときの‘9’のトリック

ステップ **1.** 与えられた数を、整数部分(もし、あれば)と小数部分に分ける。循環部分の桁数を数える(ただしこれは、小数点以下のすべての数字が循環している形のときだけ)。

ステップ **2.** 今数えた答えと同じ数だけの9を並べて、それを変換後の分母とする。

ステップ **3.** 小数部分のバーをはずしてそれを、変換後の分子とする。

ステップ **4.** できた分数を可能なだけ約分し、既約分数にする。与えられた数に整数部分がある場合は、その既約分数と整数部分をいっしょにする。すると帯分数になっているはず。できあがり。

もし、循環部分が小数点以下のすべての部分と一致しない場合は、この方法はこのままでは使えません。ただし、少し工夫をすると使うことができます。たとえば$1.1\overline{4}$を分数に直したいときは、まず、その小数に10を掛けて$11.\overline{4}$としてから、9のトリックを使うのです。そして$11\frac{4}{9}$が得られたら、それを仮分数$\frac{103}{9}$に直すことによって、10で割ることができて、最終的な答えが求められるのです。10で割ることと $\frac{1}{10}$ を掛けることは、同じ効果があるので、$\frac{103}{90}$ が最終結果というわけです。

$5.\overline{123}$ を分数に直しましょう。

ステップ **1.** この小数は整数部分を持っているので、5をその小数部分から切り離しておきましょう。今は、$5.\overline{123} = 5 + 0.\overline{123}$ だったことを思い出して、5をわきにおいておくのです。さて、循環部分は三桁あります。

ステップ **2.** 三つの9を並べて、分母とします。$\frac{?}{\mathbf{999}}$ とできます。

ステップ **3.** 与えられた小数部分で、小数点とバーをはずしたものを分子とします。$\frac{123}{999}$ となります。

ステップ **4.** 既約分数にする。分子の数字を一桁ずつ加えると、$1 + 2 + 3 = 6$ となるので、分子は3で割り切れることがわかります。さらに、999も3で割り切れます(基本のおさらい篇12ページで見た、約数のトリックを思い出してください)。では、分子と分母を3で割って、$\frac{123 \div \mathbf{3}}{999 \div \mathbf{3}} = \frac{41}{333}$ が得られます。これは既約分数なので、わきにおいておいた整数部分の5といっしょにすることができます。$5.\overline{123} = 5 + \frac{41}{333} = 5\frac{41}{333}$ となります。うーん、あまりきれいな帯分数ではありませんが、これがわたしたちの答えです。つまり、$5.\overline{123} = 5\frac{41}{333}$ です。

$\frac{41}{333}$ が既約分数だということは、どうやって確かめられるでしょう？ これはちょっと厄介な問題ですが、333 を因数分解してみましょう。約数のトリックから、333 は、9 を約数にもつので、9 と 37 に分けられます。少し実験をしてみると、37 は素数であることがわかります。だから、333 の素因数分解は 3, 3, 37 となります。どれも 41 の約数ではないので、わたしたちの分数は、本当に既約分数ということがわかります。

ring ring

この言葉の意味は？・・・有限小数

有限小数（terminating decimal）とは、終わりがある小数のことです。だから、それは循環部分を持ちません。つまり 3.51 は有限小数だけれど、$3.5\overline{1}$ は 1 を限りなく続けるので、有限小数ではありません。（有限とは、‘限りがある’ とか、‘終わる’ という意味で、英語では、ターミネイト──terminate──にあたります。有名なシリーズで、「ターミネーター」という殺人ロボットについての映画があります。人間を殺す、つまり、人間の命を ‘終わらせる’ という意味です。気持ち悪いというか、怖い映画ですが、この映画と結びつけると、terminating decimal――有限小数――の意味を思い出すのに役立つかもしれません。)

みんなの意見

「わたしは、本当に頭のいい女の子たち、特に自分をわざと低くみせたりしない子たちを、とても尊敬しています。」ケイレイ（16 歳）

「頭のいい女の子たちは、素敵です。彼女たちは、一般にいっしょにいて楽しいし、いい話相手でもあります。」マッケンジー（19 歳）

「わたしは、頭の悪い子たちは、学習する能力がないというわけではなくて、学習しないという選択肢を自分で選んだ結果だと思います。もしあなたが、クラスであまり成績が良くないのであれば、あなたは生まれつき頭が悪いわけではなくて、少し誰かの助けが必要か、あるいはもっと一生懸命やってみる必要があるだけだと、思います。」アナ（17 歳）

## 一歩先にでる

以下にあげたのは、実生活（それと、宿題でも）によく出てくる分数と小数の関係を、便利なようにリストにしたものです。もしあなたが知っていると、クラスでも一歩先にでて、尊敬されるかもしれません。

$$\frac{1}{2}=0.5 \quad \frac{1}{4}=0.25 \quad \frac{3}{4}=0.75 \quad \frac{1}{3}=0.\overline{3}$$
$$\frac{2}{3}=0.\overline{6} \quad \frac{1}{5}=0.2 \quad \frac{1}{10}=0.1 \quad \frac{1}{100}=0.01$$

練習問題

次の小数を分数に直しましょう。もし、それが有限小数(終わりがある小数)であれば、0 を使います。循環するのであれば、9 を使うことを忘れないでください。はじめのは、わたしがしてみせましょう。

1. $3.4=$

解：小数点の後ろにあるのは一桁だけなので、分母には一つだけ 0 をつけて、$\frac{34}{10}$ が得られます。さて、約分をして $\frac{34}{10}=\frac{34\div\mathbf{2}}{10\div\mathbf{2}}=\frac{17}{5}$。既約分数 $\frac{17}{5}$ が、最終的な答えです。

答え：$3.4=\frac{17}{5}$

2. $0.8$
3. $0.\overline{8}$
4. $1.5$
5. $1.\overline{5}$

(ヒント：計算を始める前に、整数をわきにとっておくことを忘れないこと)

### この章のおさらい

- 与えられた小数に終わりがあるときは、小数点以下に何桁の数字があるかを数えて、その数と同じ数の0を1のあとにつけて、求める分数の分母とします。分子は、与えられた小数から小数点をとりのぞいた数がそのまま使えます。

- 与えられた小数に循環部分があって、しかも、小数点以下の部分がすべてその循環部分になっているときは、その循環部分(バーの下にある)が何桁あるか数えて、それと同じ数だけ9を並べたものを、求める分数の分母とします。その分子は、小数点とバーをはずした小数部分になります。もし整数部分がある場合は、9のトリックを使う前にその整数部分をわきによけておいて、あとで求めた分数とあわせて、帯分数にすることを覚えておいてください。

- いつも最後には、可能な限り約分をして既約分数にします。

## あなたの星座は、何ですか？

わたしたちはみんな、数学や、さらに人生に対して違う方法でアプローチします。その人の星座が、宿題のやり方、テストの受け方などにどのように影響するか、占星術師のリリ・マロナスさんに尋ねてみました。あなたの星座を探して、あなた自身をどう反映しているか比べてみてください。

**おひつじ座：3月21日から4月19日**

「まともな」惑星、火星に支配されているあなたは、エネルギーがあって活動力があり、どんなことでも、あなたがこうと思ったことは成し遂げる野心を持っています。あなたは勝ちたいのです。いいえあなたは、勝たずにはいられないのです。あなたの持って生まれた、怖いもの知らずで決心の固いところは、数学をする上でとても役に立ってくれるでしょう。あなたの数学を学ぶ上でのもっとも大きな障害は、ちょっとしたことではありますが、忍耐強さに欠けるということでしょう。あなたは、なんでもたった今ここで起こることが好きですが、数学は、しばしば時間がかかるものです。そうです。ある概念を理解するには忍耐が必要なんです。数学がちょっと複雑になってきたときは、それでいらいらするのではなくて、あなたの競争心の強さを使いましょう。あなたは本当に、こんな小さな数にあなたの良さを台無しにされてもいいのですか？ とんでもない！ 自分に向かってこう言いましょう。「わたしは、こんなものには負けない――わたしにできないはずはない！」また、数学の宿題を重荷に感じることはありません。もし、ひとりで考えたり、計算をすると考えただけで気がめいるのであれば、二、三人の友人を招待して、グループで勉強することをしてみては、いかがですか？

**おうし座：4月20日から5月20日**

おうし座のあなたは、どんなふうにのんびりするか、そして、どんなふうにバラの花をかいだりすることができるのか、知っています。そしてあなたは、美しいものや芸術がまわりにあることを、楽しむことができます。あなたは、歌手や建築家、インテリア・デザイナーや、その他の世界をもっと美しい場所にするために尽くすことができる職業を魅力的に感じるかもしれません。こんなに芸術に傾倒しているあなたは、「どの場面で数学を使うの？」と、不思議に思うかもしれません。たとえば、建築家やインテリア・デザイナーは、数学をマスターすることがどんなに価値のあることか知っています。彼らは、毎日数学を使うからです。音楽だって、その発生からしてとても数学的なのです。数やパターンの底に存在する美しさを探してみましょう。きっとあなたは、自然界に存在する数、円周率やフィボナッチ数列のことを知ることに、魅了されるでしょう。

また、おうし座のあなたはとても忍耐強いので、必要であれば、じっくり腰をおろして勉強することができます。数学においての最大の弱点は、せかされたりプレッシャーをかけられたりすると、その実力を発揮できないことです。そこで、あなたが数学の試験を受けるときに特に大事なことは、落ち着いてテスト全体を眺め、どの問題が一番簡単そうか、みきわめてそれからはじめることです。その後で、もっとむずかしそうなものに挑戦しましょう。簡単な問題をはじめに片付けてしまうと、他の問題も思ったほど難しくはないことに気が付くでしょう。

**ふたご座：5月21日から6月21日**

あなたの人生は、いろいろな活動であふれた盛り場のようです。電話が鳴っている、テレビはついている、音楽が家の奥のどこからか聞こえてくる、そしてあなたの友人たちは、キッチンでおしゃべりで盛り上がっている。あなたは、あなたの‘たいくつ’という最大の敵を避けることに、とても長けています。世の中の人たちが、いかに数学は‘つまらない’かを冗談まじりで話しているなかで、あなたが数学をペストか何かの伝染病のように避けていても不思議ではありません。でも、ふたご座のあなたは、謎を解いたりするのが好きなはずで、もし、あなたが数学をパズル解きの連続だというふうに理解するならば、なんでもないはずです。あなたは、数学のことになるとわかりが速いはずです。でも部屋で一人でいると、そんなにうまくいかないでしょう。（あなたはむしろ、何か活動的な場所のほうが気分がいいはずですね。）その結果あなたは、ある概念をマスターするのに十分な時間をとらずに、次の活動に移ってしまうのです。クラスメートの何人かを選んで、あなたの宿題サークルに参加してもらいましょう。問題を声にだして読んで、話し合いましょう。話し合いは、あなたの人生のほかの分野で、いつでも問題を解く鍵を与えてくれているでしょう。数学も例外ではありません。言葉にすることはあなたの長所なので、文章題にあたったときは、それを数学の言葉に‘翻訳’する能力に関しては、あなたはいつでも自信を持っていいです(第15章参照)。あなたは、天性の会話上手だからです。もしあなたが、それを忘れずに使うようにすれば、数学だけでなく人生のあらゆる分野で、成功間違いなしでしょう。

**かに座：6月22日から7月22日**

あなたは、例の思慮深い月の影響をうけて、記憶力は抜群のはずです。だからあなたの記憶力の素晴らしさを、数学の規則や、‘ステップ-バイ-ステップ’式の問題解決法に使えば、たいていの問題はなんなく解けるはずです。あなたの数学における最大の弱点は、神経質になりすぎたり、心配しすぎたりすることです。数学のテストのときは、リラックスできるように工夫することです。かに座のあなたならできるはずです。あなたが、いざテストを受けようとするときには、プラス思考をすることです。多少、馬鹿げていてもいいので、「ああ、数学のテストを早く受けたくて待ちきれない気持ちだ。さぁ、さっさと始めよう。」などと、想像してはどうでしょう？ 馬鹿げているほどよいのです。そして宿題をするときは、なるだけ居心地がいいように、環境を整えましょう。ウサギのスリッパをはいてもいいし、宿題の途中で飲めるように、温かい飲み物を用意したりしてもいいです。やわらかいクッションを使って座り心地をよくするのもいいでしょう。

家庭的で、歓迎されているような気持ちになれる雰囲気を作りましょう。ところで、あなたはいつか、あなたのお金を数えるのに、数学を使う必要があるでしょう。かに座の人には、お金持ちになる人が他の星座に比べて圧倒的に多いからです。

**しし座：7月23日から8月22日**

ライト！ カメラ！ アクション！ あなたの友人たちは、にぎやかで外交的な、しかも大きなことを言う人として、あなたのことを説明するかもしれません。あなたは、何か大きなことを成し遂げる人として生まれてきたし、みんながそれを認めている。多くの人が気づいていないのは、あなたは、整理整頓にかけては天才的だということです。あなたは、自分の仕事に集中することができます。──もちろんあなたが、あなたの時間を費やすだけの値打ちがある、と認めたときだけですが。数学の宿題をすることは、あなたの大好きな行事ではないかもしれませんが、視野を広げて考えてみましょう。あなたが机に向かって勉強するとき、あなたが高校を優秀な成績で卒業するところを、想像してみてください。卒業式用のガウンと帽子で、美しく輝いているあなた自身のことです。友人たち、家族、それからあなたを羨望の目で見る人たちが皆、最前列に座ってあなたに拍手を送っているのです。皆は、あなたがどんなに賢く豊かな若い女性として成長したか、誉めそやすでしょう。そしてあなたが、卒業証書を受け取るところを写真に収めるでしょう。そしていつの日か、あなたがブランドのスーツに身を固め、靴音も高らかに、ハイレベルな仕事に向かうことをイメージしてみてください。美貌と賢さ──あなたは、両方を手に入れることができるのです。このイメージを保って、最高の成績、‘A プラス’ をめざしていきましょう。さぁ、それにあわせて環境を整えましょう。バックグラウンドに流す音楽を決めて──(チェック完了)、本は、勉強机にきれいに積み重ねる──(チェック完了)。準備完了。ようい、どん。あなたに、スイッチが入りました。

**乙女座：8 月 23 日から 9 月 22 日**

乙女座のあなたは良心的で、ものごとをきちんとかたづけます。あなたは、計画を立てるのが好きで、その計画を実行しては、そのリストの項目を消していくのが楽しみです。数学はあなたにとって、自然に受けいれられる科目のはずです。あなたの友人のほとんどと比べても、あなたのほうが数学について理解が速いはずです。なぜかというと、あなたは生まれつき、数、順序、データなどを理解しやすいようにできているからです。それに加えて、あなたは観察眼が鋭いので、他の人がつい見逃してしまうようなことでも、容易に気づくことができるからです。（なんて、素晴らしい能力を持っているのでしょう！）準備ができているということは、あなたにとって重要なはずです。あなたはいつも自分で、勉強するための時間を作るでしょう。なぜかというと、そうしないと遣り残しの宿題を心配して、夜眠れなくなることがわかっているからです。乙女座の最大の試練は、小さくて細かいことにこだわらないようにすることです。数学の宿題をしたり、テストを受けたりするときには、全体のことを考えるようにしましょう。どの消しゴムを使おうかとか、テスト用紙がきたなくなったとか、字がきれいに書けないとかいうことに執着してはいけません。きれいなことはいいことですが、完璧である必要はないのですし、時間に限りがあるのですから。成績でも、90 点以上とることは素晴らしいことですが、85 点だって結構いい成績です。乙女座のあなた、小さいことにこだわるのはやめましょう。あなたには、自慢できるところがたくさんあるのですから。

**天秤座：9 月 23 日から 10 月 23 日**

天秤座（てんびん）のシンボルは、はかりです。あなたは、人生のすべての部分でバランスが必要ですし、バランスについての理解について秀でています。そしてあなたは、簡単に状況の裏と表を見比べることができるはずです。

また、火星につかさどられている天秤座のあなたは、美に対する感覚も鋭いはずです。天秤座の人は、りっぱな裁判官や弁護士になれるし、美術品販売、洋品店経営、建築家、それからもっと他にも向いている職業がたくさんあるでしょう。そして、これらの職業にも、数学は欠かせないものなのです。生まれつきのバランスに対する理解の深さは、代数の考え方に共鳴することでしょう。たとえ即座に細かいところまで、理解できなかったとしても。結局のところ、「$x$ について解く」という操作自体、等式を左辺と右辺が等しく、バランスがとれるように、変形していくことだからです。つまり、加減乗除を片方だけでなく両辺にほどこすことによって、スケール(天秤)の左右のバランスを保つ操作を、$x$ の値がみつかるまで続けることだからです(代数については、179 ページ参照)。勉強について言えば、あなたはどちらかというと、数学の宿題をするよりも、友人のパーティに着て行く洋服選びのほうがしたいかもしれないけれど、あなたのバランス感覚が、あなたに数学のほうが重要であることを告げるでしょう。だから、学校を終えてまっすぐ家に帰ると、宿題を済ませてシャワーを浴び、パーティ用のドレスに着替えると、すべきことをやり終えたすがすがしさで、友人たちと楽しい時間をすごすために、颯爽とでかけることでしょう。

**さそり座：10 月 24 日から 11 月 21 日**

もしそこにパズルや謎があると、さそり座のあなたは、それが解けるまでやり続けるでしょう。あなたは、生まれつきの探偵なのです。あなたは探検が好きだし、答えを探して深く掘り下げることが好きなのです。いつの日かあなたは、犯罪捜査によく使われている、遺伝子(DNA)の研究者になっているかもしれないし、財政分析官や株式仲買人になっているかもしれません。それらの職業には、数学が日常的に使われていることは、間違いありません。あなたは賢いけれど、内面にしまっておくタイプです。あなたの同級生は、あなたが心の中で何を考えているか、あまり知らないかもしれません。でもそれは、あなたが何かを隠しているというのではなくて、あなたが内向的なだけです。それのおかげで、あなたは宿題をすることに困ったりはしないでしょう。さそり座の人は独立心が強いので、いっしょに宿題をする友人など必要はないはずです。(あなたは、恋人がいたらいいなぁという憧れはありますが、あなたは選り好みが激しいので、なかなか。それは、あなたにとっていいことなんですが。) しかしときには、あなたはとても頑固になることがあります。そして、あなたの人生における最大の挑戦は、他の人を信頼することです。数学でわからないことがあったら、そこでゆきづまるのではなくて、他の人に助けを求めましょう。あなたの先生や他の人たちが、どんなふうにあなたを助けられるか、驚くことになるかもしれません。

**いて座：11 月 22 日から 12 月 22 日**

元気いっぱい、楽しいことだらけ、気前がよくて幸運に恵まれた、楽観的ないて座のあなた。みんな、あなたがそばにいてくれることをよろこんでいるし、あなたも楽しいことが大好きです。そのうえ、あなたは頭がいい。唯一つ問題なのは、あなたは、楽しいことをやめて、あなたの頭脳を磨くことに興味がわかないかもしれないことです。ふたご座といっしょで退屈なことが苦手なので、何か(宿題のような)を成し遂げるためには、あなたは、楽しいことと責任との関係式を編み出す必要があります。あなたは、友人たちとおしゃべりを始める前に、具体的な計画をたてる必要があるでしょう。とにかく勉強するときでも、宿題をするときでも、それを成し遂げたときには何かごほうびになるような、楽しいことを計画に入れることを忘れないでください。

義務か楽しみのどちらか一方だけをやりすぎるということは、あなたには向いていません。あなたは燃え尽きてしまうか、やるべきことをしていないという罪悪感にさいなまれるかどちらかになってしまうでしょう。何かスポーツを、学校の外でみつけることがコツかもしれません。テニス、ゴルフ、ソフトボール、バレーボール、ハイキングなど、活動的ならなんでもいいのです。このような活動は、自由を愛するあなたにはとても大切なことなのです。そうすることで、何か座ってじっくりしなければならないことがあるとき、落ち着いてそれをこなすことができるでしょう。いて座の良いところは、あなたは、なんでもゲームの一つとして受け入れることができることです。結局のところ数学は、パズルを解き続けるようなものですから。もし、あなたが数学をそういうふうに考えることができれば、数学をしなければいけないときに、楽に入りこむことができるでしょう。むしろ、楽しむことができるかもしれません。

**山羊座：12 月 23 日から 1 月 19 日**

鍛錬や自律心の強さにおいて、山羊座にかなう星座はないでしょう。あなたは、生まれながらに大人で、本能的に責任感が強く、勉強というものを大変真剣に受け止めています。

あなたには、動機付けのための勉強仲間は不要です。あなたは、自分自身できちんとできる数少ない星座の元に生まれました。あなたの最大の挑戦は、あなたが理解できないときに、心配しすぎないことです。心配で、何かが解決することはありません。心配しだしたら、頭の中で「心配しないで、幸せになろう」と、子どものように歌ってみましょう。そして、あなたが今までに成し遂げたことを数え上げて、自分を励ますようにしましょう。あなたが新しいことを学ぶときは、できるだけ、忍耐強くなりましょう(山羊座はとても忍耐強いのです)。そして、新しいことを学ぶときには、はじめから完璧に理解する必要はないことを、自覚しましょう。あなたの勤勉さをもってすれば、あなたは、この本の中やあなたの先生から、あなたが必要な助けをみつけることができるでしょう。(山羊座はときどき、周りの人がどう考えるかを考えすぎるところがあるので、恥ずかしがらずに、助けを求めましょう。) あなたの野心はたいしたものなので、どんなことでも、あなたがやる気になれば成し遂げられるはずです。数学も含めて、なんでもです。そして、テストでいい点数をとりはじめても、あなたの成績を吹聴したりするのはやめましょう。その精神でいけば、あなたはいつか大人の世界に入ることができて、あなたが選んだ道で、頂点に立つことができるでしょう。

**みずがめ座：1月20日から2月18日**

あなたは、天王星に支配されているので、独立性と選択の自由を尊重します。これはとてもむずかしい要求です。（そして、友人選びには気をつけましょう。友人は、往々にして自分を映す鏡のようなもの。これが、あなたの場合とてもあてはまるのです。つまり、あなたがあこがれるような人の周りにいるように、心がけましょう。いっしょにいて楽しいからというだけで周りにいるのは、感心しません。）あなたの自由への愛着が原因で、ときおり、宿題があるのにショッピングへの誘惑に負けてしまいそうになるかもしれませんが、長い目で考えることを忘れないでください。大人になると、自由は高価なものになるのです。あなたが大人に近づくにつれて、いい成績をとり、学校で習うことを本当によく学んでおくこと、特に、数学においてしっかり理解しておくことが、あなたの人生をかけてさがしている独立への最大の鍵になるのです。

多くの大学生が、自分の専攻を決めるのに、なるだけ数学が要求されない分野ということを基準に選んでいるということを知っていますか？　わたしの大学の同級生でも、医者になりたいという夢を持っていたのに、彼は微分積分を勉強したくなかったおかげで、今では、彼の夢をかなえることは、まったく不可能になってしまったのです。数学は、本当に力と、自由の源なのです。あなたがやろうと思えば、なにでもかなうのです。あなたは数学を理解するだけの能力があるし、将来、あなたが世の中でやってみたいと思うことはなんでもできるし、どんな職業にもつけるすべての自由をあなたは、持っているのです。

**うお座：2月19日から3月20日**

あなたは、音楽やマジックが好きで、何より海が好きでしょう。なんといっても、あなたの星座のシンボルは、ただの水ではなくて二匹の魚ですから。可能なときはいつでも、海や湖、または川のそばで宿題をするのがいいでしょう。あるいはiPodで、海の音を聞きながら宿題をするのもいいでしょう。あなた自身を水と関係させることで、あなたの心を開き、想像力を刺激することができるのです。そして、数には本当のマジックが存在しているのです。ちなみに、“math magic”をグーグルで検索してみましょう。あなたは、友達をうならせるだけのたくさんの数のトリックをそこに、見つけることでしょう。それから、あなたのたくましい想像力をいかして、数学にでてくる考え方をどうやって暗記したらよいか、考えてみましょう。あなたはたぶん、基本のおさらい篇66ページで見たようなMAD方式、つまり、帯分数を仮分数に直すときの覚え方など、なんでも、あなた自身が作り出した覚え方に、とても興味があるはずです。あなたは、枠にはめられた考え方から飛び出す能力に恵まれているので、それを使うべきです。あの、うお座生まれのアルバート・アインシュタインがかつて言ったように、「知識よりも、想像力のほうが大切なのです。」彼は、間違いなく数学をまったく違った新しい見方で見ることに、自分の想像力を使いました。だから、あなただってできるはずです。

# パーセント⇔分数、小数

小数と分数だけでは、あなたの買い物を完全に(100パーセント)コントロールすることはできません。(数学の宿題にも同じことが言えますが…) あなたが、**パーセント**を理解することも必要になってきます。

パーセントは、いたるところで使われています。

「60ドルの75%は?」という質問に答えるためには、まず、そのパーセントを分数か小数に直してから、その分数か小数を金額と掛け合わせる必要があります。パーセントのまま、他の数と掛けたり割ったりすることは、絶対にありません。

パーセントという言葉を、しばらく考えてみましょう。文字通り訳すと、パーセントとは「百あたりの部分」という意味なのです。もしあなたが、19%持っているということは、100あたり19持っているということです。そして、セントは百を表すので、一世紀(センチュリー)は100年にあたるのです。というわけで、$19\% = \frac{19}{100}$ が成り立つのです。

これについてはまた詳しく触れますが、今のところは、次のようにいうことで十分でしょう。もし、前のページの絵にあるすてきなドレストップが、セールでどれだけ値段が下がっているのか知るためには、パーセントと小数の間をどうやって変換しあうのか、また、パーセントと分数の間をどうやって行き来するのかをまず、知る必要がある、ということです。それをしてみましょう。

## パーセントを小数に直す(あるいは、その逆)

パーセントと小数の間を行ったり来たりするのは、一般にとても簡単です。ここにいくつかの例をあげましょう。

45% = 0.45　83% = 0.83　99% = 0.99

3% = 0.03　245% = 2.45　70% = 0.7

(注意： 0.7 は 0.70 と同じですが、右端の余分な 0 は必要ないので、とってしまってあるのです。)

### ステップ・バイ・ステップ

パーセントを小数に直す。

ステップ **1.** 記号 % を取り除く。

ステップ **2.** 小数点の位置を二つ左に動かす。できあがり。

## レッツスタート！　ステップ・バイ・ステップ実践

60% を小数に直しましょう。

ステップ **1.** 記号 % を取り除く：60 が残る。

ステップ **2.** 小数点の位置を左に二つずらす。60 は 60.0 と同じなので、どこに小数点の位置があるかわかります。さて、左に二つ移動すると 0.60 ができますが、これは、最後の 0 は余分なので、0.6 と同じになります。

答え：60% = 0.6

## テイクツー！　別の例でためしてみよう！

2% を小数に直しましょう。

ステップ **1.** 記号の % を取り除くと、2 が得られる。

ステップ **2.** 小数点の位置を二つ左にずらす。2 = 2.0 から、小数点の位置を確認したあと、二つずらして 0.02 が求められる。

答え：2% = 0.02

## テイク スリー！　さらに別の例でためしてみよう！

1.3% を小数に直す。

この問題をみてあなたは、「でも、もうすでに小数になっている」と思うかもしれませんね。その通りといいたいところです。パーセントがたまたま、小数を含んでいるからです。ところがわたしたちの目標は、パーセントの記号なしでその値を求めることにあるので、今までと同じステップを踏む必要があるのです。

ステップ **1.** % の記号を落として、1.3 を得る。

ステップ **2.** 小数点の位置を二つ左にずらして、0.013 を得ることができる。

答え：1.3% ＝ 0.013。ご覧の通り、同じステップを使って処理することができます。

さぁ、今度は、逆方向の変換の練習をしましょう。小数をパーセントに直します。

## ステップ・バイ・ステップ

小数をパーセントに直す。

ステップ **1.** 小数点の位置を右に二つずらす。

ステップ **2.** パーセントの記号 % をつけて、できあがり。

小数 0.72 をパーセントに直す。

ステップ **1.** 小数点の位置を右に二つずらして、72 を得る。

ステップ **2.** パーセントの記号 % をつけて、72% になる。

答え： 0.72 ＝ 72%

小数 0.3 をパーセントに直す。

ステップ **1.** 小数 0.3 は、0.30 といっしょなので、小数点の位置を右に二つずらして 30 を得る。

ステップ **2.** パーセントの記号 % をつけて、30% になる。

答え： 0.3 ＝ 30%

**要注意！** 小数点の位置と 0 の数には、十分気をつけましょう。たとえば、0.3 = 3% としてしまう人がたくさんいます。でも、これは間違っています。あなたが、気をつけて小数点の位置を数えたならば、上記で見たように 0.3 = 30% となるはずですし、3% = 0.03 が正しい答えです。手順をとばすと、よくみかけるこういう間違いをしてしまいます。慎重に、一つずつ確認していきましょう。

## 練習問題

次のパーセントを小数に、小数は、パーセントに直しましょう。はじめの問題は、わたしがしてみせましょう。

1. 100% =

解：まず、パーセント記号を落として、小数点を左に二つずらします。100 → 1.00 = 1。そうです、100% を小数で表すと、1 になるのです。

答え：100% = 1

2. 5% =
3. 0.75 =
4. 500% =

5. $0.09\% =$

6. $1.44 =$

7. $\frac{1}{2}\% =$（ヒント：これは、1% の半分です。$\frac{1}{2}$ ではありません。まず $\frac{1}{2}$ を 0.5 に直してから、いつもの手順を踏みましょう。）

**ここがポイント！**　あなたは、「小数からパーセント、パーセントから小数に直すなんて、楽チンだ。」と思いはじめているかもしれません。「要するに、小数点を二つ動かせばいいだけじゃないか。でも、ちょっと待てよ。どっちがどっちだったかな？」

そんなときは、アルファベットの順番で覚えるといいかもしれません。小数は英語で decimals だから、D としましょう。パーセントは percent なので、P ですね。アルファベットで、D から P に移動するには右に行きます。なにしろ D が先で、そのあとに P がくるのですから。ということは、小数（D）からパーセント（P）に直すには、右に二つずらせばいいというわけです。だから、P から D に直したいときは、左に移動すればいいのです。というわけで、アルファベットを頭に描くことで、どこに D と P があるか「見る」ことができるでしょう。役に立ったでしょうか？

もう一つの方法としては、確実な例から引用することです。たとえば、50% ＝ 0.5 ということは、間違えないで覚えられたと思います。そこで、どちらの方向にずらすのか迷ったときは、小数からパーセントならば、0.5 から 50% に直すには、どちらに移動するのかを参考にするのです。逆にパーセントから小数であれば、50% から 0.5 に直すときと同じことをしてあげればいいわけです。この方法でも、間違いなく正しい答えが出せるはずです。

みんなの意見

「数学は、人生の問題に比べたらはるかに単純です。数学には、一貫した論理と規則があるし、それに、いつでも答えが存在するから。」アイリス(15 歳)

## パーセントを分数に直す(あるいは、その逆)

あなたが、(またしても)買い物に来ていて、お気に入りのお店の一つで、洋服が並んでいる棚を見て回っているところです。一つの棚は「20% 引き」、もう一つは「$\frac{1}{5}$ 割り引き」と書いてあります。どちらがお買い得でしょう?

人生において、(そして宿題でも)分数とパーセントを比べたいときが、たくさんあります。そこでどうやってそれらを変換しあうか、知っておくことはとても役に立つことなのです。

## パーセント → 分数

あなたは、わたしがパーセントの正式な定義をしないことを、ずっと不思議に思っていたかもしれません(オーケー、たぶんそうではないでしょう)。それはなぜかというと、このパーセントの章で、分数のセクションになるまで待っていたからです。

**この言葉の意味は?・・・パーセント**

パーセントとは、その分母がいつでも 100 である分数を % の記号を使って表したものです。たとえば、$19\% = \frac{19}{100}$ という具合にです。

パーセントは、分母が 100 になる分数と同じなのです。たったそれだけです。

$$\text{たとえば、}43\% = \frac{43}{100}$$

のようになります。

章のはじめでも紹介したように、セントという言葉は 100 を意味しています。だから、一世紀とは 100 年のことを表しています。

$$19\% = 19\ \text{「パー」セント} = 19\ \text{「パー」}\ 100 = \frac{19}{100}$$

というわけです。

実際、パーセントの記号自体、小さな分数で、小さなゼロを二つ持っている、つまり 100 という数を表しているようにも見えます。そして、パーセントの記号 % と 100 は、交換可能なように見えます。あなたは、どちらでもその同じ値を表すのに使えるのです。

そこで、次にあなたがパーセントで表された数を分数に直したいときには、パーセントの記号を落として、その数を分子に持ち、分母が 100 である数を作ればいいだけなのです。二つのことは、同じことを表しているのです。あなたは、同じものをパーセントではなくて、分数を使って表したというだけです。

## ステップ・バイ・ステップ

パーセント → 分数

ステップ **1.** パーセントを取り除き、残った数を分数の上に、100 を下にもつ分数に直す。

ステップ **2.** 分数を既約分数に直せるときは、直して、おしまい。

## レッツスタート! ステップ・バイ・ステップ実践

パーセントで表された値、24% を分数に直しましょう。

ステップ **1.** 記号の % を取り除き、その数を 100 の上に乗せる：$\frac{24}{100}$。

ステップ **2.** できた分数を約分する：$\frac{24}{100} = \frac{24 \div 4}{100 \div 4} = \frac{6}{25}$。さて、25の素因数は5と5であって、5は6と約数を共有しないので、もうこれ以上簡単な分数には、約分できないことがわかるでしょう。

答え：$24\% = \frac{6}{25}$

パーセントは、ときどきその中に小数や分数を含んでいるときがあります、たとえば7.5%や$8\frac{1}{2}\%$のようにです。そしてあなたは、それらを分数に直すように指示されるかもしれません。（第14章で、分数の中に小数を含むような例を勉強します。）どうすればいいでしょう？　心配御無用。たとえそれらが小数や分数を含んでいても、全体を分数の上部に、そして下部に100を持つ分数にすればいいのです。（上で学んだように、それがパーセントの記号の意味するところだからです。）

テイクツー！　別の例でためしてみよう！

$8\frac{1}{2}\%$をステップ・バイ・ステップの方式で、同じ値の分数に直しましょう。

ステップ **1.** どうしたらいいでしょう？　$8\frac{1}{2}$を、分母100の上に乗せて、パーセントの記号を取り除く：$\frac{8\frac{1}{2}}{100}$。さて、基本のおさらい篇148ページにある繁分数の処理の仕方に従って、分子の帯分数を仮分数に変換して、分母も同じく仮分数にして、背高のっぽの分数を作ります：$\dfrac{\frac{17}{2}}{\frac{100}{1}}$。'中間派' と '極端派' の方法を使って、簡単な分数に直します：

$$\frac{\frac{17}{2}}{\frac{100}{1}} = \frac{17 \times 1}{100 \times 2} = \frac{17}{200}$$

ステップ **2.** これを約分で、より簡単な分数に直すことはできるでしょうか？ いいえ。17 と 200 は、1 以外のどんな約数も共有しません。なぜかというと、17 は素数であることと、200 を 17 で割り切ることができないからです。

答え：$8\frac{1}{2}\% = \frac{17}{200}$

一つの値をある形式から、別の形式に変えるやり方を自由にこなせる能力は、いたるところで役に立つでしょう。それは、同じ値をいろいろな形で表現できるのだということを理解することができればいいのです。

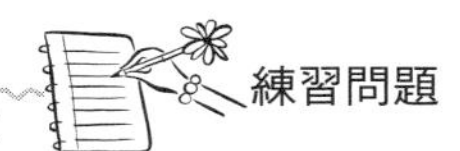


次のパーセントをそれぞれ分数に直しましょう。はじめの問題は、わたしがしてみせましょう。

1. $\frac{1}{2}\% =$

解：これは、1% の半分であって、全体の半分ではないことに気をつけましょう。これは、パーセントとして扱わなければいけません。まずパーセントを取り除いて、残りをすべて分母が 100 となる分数の分子にしましょう：$\dfrac{\frac{1}{2}}{100}$。それから、分母も分数に直して $\dfrac{\frac{1}{2}}{\frac{100}{1}}$、それから基本のおさらい篇 150 ページにある '中間派' と '極端派' の方法をその背高のっぽな繁分数に応用しましょう。

$$\frac{\frac{1}{2}}{\frac{100}{1}} = \frac{1 \times 1}{100 \times 2} = \frac{1}{200}$$

答え：$\frac{1}{2}\% = \frac{1}{200}$

2. 25%

3. $\frac{1}{5}\%$

4. さぁ、この章のはじめにでてきた、すてきなドレスのトップの値段を計算しましょう。60 ドルの 75% は、いくらでしょう？（ヒント：まず、75% を小数に直しましょう。そして、二つの数が隣同士にあるとき、「掛ける」というのはどういうことだったか、二つの数が「の」で結ばれているときには、この二つの数を「掛け合わせる」という意味だったことを、思い出しましょう。）

## 分数 → パーセント

さて、この逆、つまり分数をパーセントに直すには、どうしたらいいでしょう。

### ステップ・バイ・ステップ

分数 → パーセントへの変換法

ステップ **1.** まず、分数を小数に直しましょう。（もし必要であれば、分数を小数に直すには、どうすればよかったかを 2 ページで復習しましょう。）

ステップ **2.** ここからは、普通の小数をパーセントに直すだけなので、小数点を右に二つだけずらして、パーセントの記号 % をつければ、できあがりです。

## レッツ スタート！ ステップ・バイ・ステップ実践

分数 $\frac{1}{4}$ をパーセントに直しましょう。

ステップ **1.** まず、$\frac{1}{4}$ を小数に直す。（小数の割り算は、基本のおさらい篇 196 ページで復習できます。）分子の 1 を倒して割り算の屋根の下に入れて、分母の 4 で割る。$4\overline{)1.00} = 0.25$。

ステップ **2.** 小数点を二つずらして 25 が得られるので、% をつけて 25% が答えです。

たぶんあなたはすでに、$\frac{1}{4}$ が 25% であることは知っていたでしょうが、これであなたは、それが正しいことを証明したことになるのです。

## テイク ツー！ 別の例でためしてみよう！

分数 $2\frac{2}{5}$ をパーセントに直しましょう。

ステップ **1.** まず、$2\frac{2}{5}$ を小数に直しましょう。多くの場合、分数を仮分数に直してから計算するのが一番簡単な方法でした。それで $\frac{12}{5}$ に変換したあとは、12 を割り算の屋根の下に入れます。すると、$5\overline{)12.0}$（商 2.4）より 2.4 が得られます。

ステップ **2.** 小数点の位置を右に二つ移動すると、240が得られるので、パーセントの記号をつけて、240% が答えになります。

答え：$2\frac{2}{5} = 240\%$

ここがポイント！　分数をパーセントに直すとき、その値が 1 を超えている場合は、答えは 100% を超えることに注意しましょう。

練習問題

次の分数をパーセントに直しましょう。はじめの問題は、わたしがしてみせましょう。

1. $\frac{1}{5} =$

解：まず、1.0 割る 5 から、0.2 が求められます。$5\overline{)1.0}$（商 0.2）。それから、小数点を二つ右に移動して 20 が得られるので、% を加えて 20% が答えになる。

答え：$\frac{1}{5} = 20\%$

2. $\frac{1}{2} =$
3. $\frac{3}{2} =$
4. $4 =$

（ヒント：まず、4 を分数 $\frac{4}{1}$ に直してから、いつもの方法をつかいましょう。）

**ここがポイント！**　分数から、パーセントに直したときの答えが正しいことを確かめるためには、出た答えをもう一度分数に直して、はじめに与えられた分数に戻ることを確認するという方法があります。

## この章のおさらい

- パーセントと小数の変換は、単に、小数点の位置を二つずらして、パーセントの記号をつけるか、取り除くかだけの違いです。

小数 → パーセント：小数点の位置を二つ右にずらす。
パーセント → 小数：小数点の位置を二つ左にずらす。

（もし、小数点の位置をずらす方向を忘れたときは、50% が 0.5 にあたることを思い出しましょう。あるいは、アルファベットの順番で、小数（デシマル：D）からパーセント（P）に移動するには、右方向をとるのに対し、（P）から（D）は、左方向の移動が必要なのと結びつけて覚えるのもいいでしょう。）

- パーセント → 分数の変換も、単純です。パーセントの記号の前の数を分子にし、100 を分母とする分数をつくればいいのです。パーセントの記号をはずして、約分することも忘れないように。
- 分数 → パーセントの変換は、まず分数 → 小数の変換をしてから、小数 → パーセントの方法を使います。

ダニカの日記から・・・数学のテストで頭が真っ白

中学一年生：わたしにとっては、はじめての学校。すべてがうまくいっているように思われた。すでに、二、三人の友達はできていたし、運動着のまま、英語の授業に参加したときも、それほどあわてたりしないですんだ。ちょうどわたしが、この新しい学校でも、きっとわたしはうまくやっていけるに違いないと、思いはじめたころでした。意外なことに、数学が突然、難しく思われだしたのでした。

小学校六年で習った数学にくらべて、この新しい学校での数学は、何か違うもののように思われて、こんなふうに感じたのははじめてだったので、この難関に不安を感じました。大人たちは一般に、数学は「難しい」と言っていたのをはじめて、理解できたように思いました。先生が黒板に書いていることが身近に感じられず、まったく意味をなさないことのように思われました。完全に、ついていけなくなりました。

わたしは、まさか、先生の教え方にも責任があるなどとは、夢にも思わなかったのです。この時点では、完全に打ち負かされてしまって、わたしには数学などできないと、思い込んでしまっていたのです。

一年の中ほどで、学校側が、数学の先生をやさしくて経験豊富な女の先生、ヤコブソン先生に交代したのです。この先生のはじめての小テストで、わたしがテスト用紙をどんなににらんでも、白いただの紙にしか見えなかったことは、この本のはじめにも紹介したとおりです。これは、本当に怖い体験でした。わたしの胃の一点がずんと沈んでいくように感じられました。わたしはただそこに座って、時計が進んでも、問題にどう取り組めばいいのかわからずに、呆然としていたのでした。わたしは、終わりのベルが鳴ったとき、涙が出るのを抑えなければなりませんでした。これでまた落第だと思って、ものすごく落ち込んだからです。

ところが、ここからがおもしろいところなのです。というのは、いまだにどうしてかは理解できないのですが、ヤコブソン先生は、わたしの小テストを集めなかったのです。そのかわり、他の生徒が休み時間になって教室を出て行ったあとも、わたしを教室に残しておいてくれたのです。わたしは、心の中で「こんなことがあっていいのかしら？ わたしだけ余分に時間をもらうのは、不公平ではないかしら？」と思ったことを覚えています。しかし、わたしが先生の顔を見ると、先生はにこにこしてわたしを見ているだけでした。まるで先生は、「あなたならできるはずだから、やってごらんなさい。」と言っているように、わたしには思われました。どういうわけかわたしは、リラックスすることができて、いくつかの問題を解くことができました。実際、この小テストで 78 点とることができて、すぐにこのクラスでは、いつも 90 点以上をとる、優等生になることができました。ただ、リラックスするだけでこんなに違いがでるなんて、不思議ではありませんか？

ヤコブソン先生がどうしてあのとき、わたしに特別のチャンスをくれたのかは、理解できないままかもしれません。でもあのとき、ヤコブソン先生がわたしを信じてくれたことが、わたしには一生忘れられない贈り物であったことだけは、確かです。

# 分数、小数、パーセント総出演

分数、小数、そしてパーセントの間を簡単に行ったり来たりできるようになるのは、すべての学校生活を通してとても役立つことです。なぜかというと、高校やそのあとも、これらの変換能力は、これでもか、これでもかというぐらいに常に必要になるからです。

あなたが、ダンスか器械体操のクラスをとっていることを想像してみてください。一つ一つの基本の動きを学んだあと、それらを組み合わせて一つのつながりをもったパフォーマンスにする段階がやってくるでしょう。それは、部屋のすみまで回転を続ける動作であったり、ジャンプしてからキックしたりという練習になるかもしれませんし、回転してからハイジャンプとキックという組み合わせになるかもしれません。

つまり、いくつかの分数や小数、それからパーセントという、今までに学んできたこと(動き)を組み合わせて、きれいな振り付けのついたパフォーマンスにするには、どうしたらいいでしょう？　と言っても、すでに、いくつかの組み合わせはしてきたことなので、次のようなものは、見てきたはずです。

$$\frac{\frac{1}{6}}{\frac{3}{4}},\quad \frac{\frac{1}{4}+\frac{1}{2}}{2-\frac{1}{8}},\quad \frac{1}{2}\%$$

それでは、$\frac{0.45}{5}$ や $\frac{0.6}{2.4}$ は、どうでしょうか？

## 分数の一部に小数が含まれるとき

このタイプの分数に焦点を合わせてみましょう。なぜかというと、文章題であるとか、代数、それにとても意外なところでも、このタイプの分数が使われているからです。これらは、どう処理すればいいでしょう？ むずかしいことはありません。

分数は、割り算が姿を変えたのといっしょなので、いつでも分子を割り算の屋根の下にいれて、分母で割ればよいのです。

$$\frac{0.45}{5} = 5\overline{)0.45}$$

しかし小数の割り算は、面倒なときもあるし、最終的な答えを分数にしたいこともあります。それにはどうしたらいいでしょう？ 個人的には、このタイプの分数は、もっとわかりやすい形(つまり、小数をなくしてしまう)にするのが好きです。

たとえば $\frac{0.45}{5}$ の例でいうと、小数点の右に二桁あるので、分子と分母に、それぞれ100を掛けてあげるのです。なぜなら、**100** の**二つ**の 0 が、小数点以下の**二桁**を消してくれるからです。

$$\frac{0.45}{5} \times \frac{\mathbf{100}}{\mathbf{100}} = \frac{0.45 \times \mathbf{100}}{5 \times \mathbf{100}} = \frac{45}{500}$$

さて、小数点はなくなったので、今度は 45 と 500 の最大公約数 5 を使って約分することができます。

$$\frac{45}{500} = \frac{45 \div \mathbf{5}}{500 \div \mathbf{5}} = \frac{9}{100}$$

答え：$\frac{0.45}{5} = \frac{9}{100}$

そうです。分数の一部に小数が入り込んでいるときは、こんなふうに取り扱うのが、わたしは気に入っているのです。ウーム、これは 9% ではありませんか？ 小数で表すと、0.09 のことです。まったく同じ値が、こんなにもちがった形ででてくるのは、驚くばかりです。

## ステップ・バイ・ステップ

分数の一部に小数が含まれるときの扱い方

ステップ **1.** 分数の分子と分母をみて、小数点から右に最大いくつの桁(一つか、二つか、あるいは三つなど)があるか、数える。分子と分母に、1 のあとに同じ数だけの 0 をつけた――**10, 100, 1000** など――を掛けて、小数を取り除く。分子と分母に同じ数を掛けることを忘れないように。

ステップ**2.** いつものように約分して、既約分数の形にする。もし、小数で答えが欲しい場合には、分子を倒して割り算の屋根の下に入れ、分母で割ればよい。

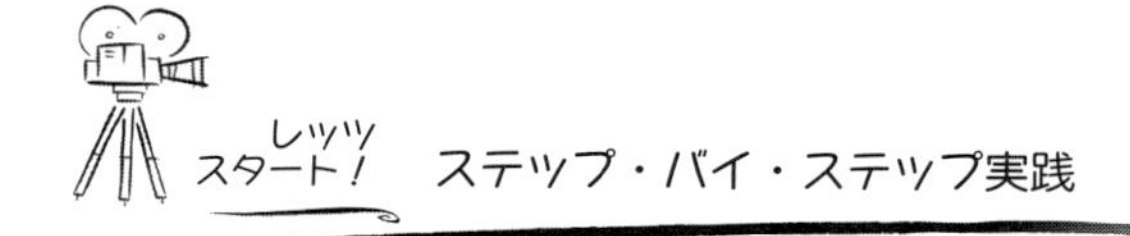


## ステップ・バイ・ステップ実践

次の形を見慣れた形の既約分数に直しましょう。

$$\frac{0.35+\dfrac{1}{2}}{5.5}$$

いくつかの方法がありますが、いずれにしろはじめに、この複雑な分数の分子だけを簡単な形に直すことは、共通して言えることです。まず、$\frac{1}{2}$ を小数に直しましょう。そうすれば、0.35 との和をとるのは容易です。よく知ってのとおり、$\frac{1}{2}=0.5$ だから、$0.35+\frac{1}{2}=0.35+0.5=0.85$ が求められるので、わたしたちの分数は、$\frac{0.85}{5.5}$ となります。ここで、例のステップ・バイ・ステップを応用しましょう。

ステップ**1.** 分子を見ると、小数点の右に**二桁**の数字が並んでいます。分母では、たった一桁だけです。

ステップ**2.** そこで、分子と分母に**100**を掛けると(**二つの0**が、**二桁**の小数点をかたづけてくれるので)、分子、分母のじゃまな小数点を同時に取り去ることができるのです。

$$\frac{0.85}{5.5} = \frac{0.85 \times \mathbf{100}}{5.5 \times \mathbf{100}} = \frac{85}{550}$$

ステップ **3.** さて、小数点がなくなったので、今度は、約分が実行できます。85 と 550 は 0 か 5 で終わっているので、5 を共通の約数に持ちます。(基本のおさらい篇 12 ページの約数のトリックを参照。)

$$\frac{85}{550} = \frac{85 \div \mathbf{5}}{550 \div \mathbf{5}} = \frac{17}{110}$$

答え：$\frac{0.85}{5.5} = \frac{17}{110}$

ここがポイント！　この本のはじめの方にでてきた、猫まね分数のことを覚えていますか？わたしたちは、分母と分子に、10, 100, 1000 などを掛けるときは、実際にわたしたちがしていることは、猫まね分数 $\frac{10}{10}$, $\frac{100}{100}$, $\frac{1000}{1000}$ を与えられた分数に掛けているのと同じなのです。そして、猫まね分数の値は常に 1 に等しいので、与えられた分数の値はそっくり保存されるのです。全く同じ値を別の形に書き直しているだけです。

## テイク ツー！　別の例でためしてみよう！

さぁ、7.5% を分数に直してみましょう。

いつものようにパーセントを消すために、% の記号を取り除き、残った数を分子にし、100 を分母に持つ分数に直しましょう。そして、わたしたちのステップ・バイ・ステップの方法を使いましょう。猫まね分数を使って小数点を取り除きましょう。小数点を一つずらすだけでよいので、**10** を使いましょう。

$$\frac{7.5}{100} = \frac{7.5 \times \mathbf{10}}{100 \times \mathbf{10}} = \frac{75}{1000}$$

さて、少なくとも小数点はなくすことができました。次は約分をして、既約分数に直すことです。

$$\frac{75 \div \mathbf{25}}{1000 \div \mathbf{25}} = \frac{3}{40}$$

ウーム、3 と 40 は公約数を持たないので、これが答えです。

答え：$7.5\% = \frac{3}{40}$

**みんなの意見**

「僕は、頭のいい女の子のほうが、自分自身を学校で真剣に試さない子より、ずっと魅力的だと思う。」マット（16 歳）

「僕は、成績の良い女の子にあこがれる。なぜって、彼女たちは良い成績をとるために、真剣にがんばっているから。」トーリ（12 歳）

## 練習問題

次の形をもっとわかりやすい形に変換しましょう。それぞれを、小数、パーセント、それから、小数を一部に含まないきれいな既約分数に直しましょう。はじめの問題は、わたしかしてみせましょう。

1. $\frac{0.6}{5.4}$

解：これを小数に直すには、$5.4\overline{)0.6} = 54\overline{)6.000}$ を実行し、$0.111111111\cdots = 0.\bar{1}$(循環小数については、11 ページを参照)。これをパーセントに直すには、小数点を右に二つずらして % の記号をつければよいので、$11.\bar{1}\%$ となります。

次に、$\frac{0.6}{5.4}$ を小数点のないきれいな分数に直します。分子も分母も小数点以下第一位までしかないので、小数点を消すには、分子と分母に **10** を掛ければよいです。$\frac{0.6}{5.4} \times \frac{\mathbf{10}}{\mathbf{10}}$。はるかに良い形になりました。約分は、可能でしょうか？ はい。$\frac{6 \div \mathbf{6}}{54 \div \mathbf{6}} = \frac{1}{\mathbf{9}}$。

答え：$\frac{0.6}{5.4} = 0.\bar{1}$、$11.\bar{1}\%$、そして $\frac{1}{9}$

2. $\frac{0.72}{9} =$

3. $\frac{0.1}{0.02} =$

4. $\dfrac{\frac{1}{2} + 0.4}{1\frac{1}{2} - 0.3} =$

5. $2.5\% =$

6. $0.4\% =$

## 小数、分数、パーセントを比較する

次の値を小さいほうから、大きいほうに順番に並べることは、できますか？

$$1.24,\ 99\%,\ \frac{5}{4}$$

一番手っ取り早い方法は、全部、小数に直してしまうことです。1.24 はすでに小数の形です。99% は、小数点を左に二桁ずらして、% の記号を取り除けばよかったので、0.99 とわかります。そして $\frac{5}{4}$ は、5 割る 4 で、$\begin{array}{r}1.25\\4\overline{)5.00}\end{array}$ と導くことができます。（分数から小数への変換の仕方は、2 ページで復習できます。）

そうすると、これらの値を小さいほうから順に並べるのは、簡単です。0.99, 1.24, 1.25 となります。したがって、小さいほうから大きいほうへの並べ方の答えは、99%, 1.24, $\frac{5}{4}$ と結論できます。

### ステップ・バイ・ステップ

分数、小数、パーセントを比べる。

ステップ **1.** すべての値を小数に直す。

ステップ **2.** できた小数同士を、手で隠しながら左から右に移動するやり方（基本のおさらい篇 185 ページで紹介した）を使って比べる。以上。

次の値を小さいほうから大きいほうへ、並べ替えましょう。はじめの問題は、わたしがしてみせましょう。

1. 0.385, $\frac{3}{5}$, 39.5%

解：はじめの 0.385 は、すでに小数になっているので、$\frac{3}{5}$ を $5\overline{)3.0}$（商 0.6）と直します。そして、39.5% は、0.395 と同じなので、上で述べた、左から右に手で隠しながら比較していくやり方を使って、0.385, 0.395, 0.6 となります。

答え：0.385, 39.5%, $\frac{3}{5}$

2. $\frac{1}{6}$, 0.19, 16%
3. $\frac{7}{4}$, 200%, $1\frac{4}{5}$
4. 0.889, 89%, $\frac{8}{9}$

## この章のおさらい

- 分数の一部に小数が使われていて、小数で答えが欲しいのであれば、分子を分母で割りましょう。
- 分数の一部に小数が使われていて、分数で答えが欲しいのであれば、分子と分母に 10, 100 など、小数点を取り除くために必要なだけ、1 のあとに 0 のついた数を掛け合わせましょう。(そして、もちろん約分を忘れないこと。)

- 分数、小数、パーセントを比較するためには、すべて小数の形に直してから、小数同士を比較すると良いです。わたしは、これがもっとも簡単で、早くできる方法だということを発見しました。

ダニカの日記から・・・他人の目が気になる

人目を気にして、自分自身を低く見せるなんて、馬鹿げていると思うでしょう。でも、あなたが信じようと信じまいと、みんながしょっちゅうやっていることなのです。そしてそれは、数学のクラスでだけの話ではないのです。最悪のことなのですが、自分自身を実際の自分よりも低く見せて、気まずさを逃れようとする行動は、いろいろなところで見受けられるし、残念なことに、私自身、その例外ではないのです。わたしが13歳のときのことです。例のテレビ番組、「素晴らしき年月」の収録が始まって、二、三ヶ月過ぎたころでした。ある日の午後、新しい台本を受け取りました。次のエピソードは、みんなをその人のいないところで、物笑いの種にするというものでした。恐ろしいことに、私自身もそのうちの一人として、陰で物笑いの種にされるというものでした。

物語の主人公は、そのエピソード中、わたしをからかい続けなければなりませんでした。彼は、わたしを「良い子ぶりっ子」と呼びました。そして、物笑いの種の一つが、わたしがいつも背筋をピンと伸ばしていることでした。台本では、ひとりがわたしをからかって、まるでわたしの背中に、まだ、わたしのシャツのハンガーがとり忘れたままのようだ、という表現がありました。

これを読んでいて、顔から血の気が引いて、背筋がぞくぞくとして、今にも卒倒しそうに感じました。わたしは本当に困惑してしまいました。そして、その場面の撮影のときは、笑い飛ばそうと努力しました。しかしわたしは、誰をごまかそうとしているのでしょう？　わたしは、自分がはずかしくなりました。

あなたが言いたいことは、わかります。あなたはたぶん、「みんなは、あなたを物笑いの種にしているのではなくて、あなたが演じている登場人物をからかっているのです。」と言いたいのでしょう。しかし、あなたに質問しますが、みんながからかっているのは、わたし以外の誰かだって証拠がありますか？

わたしは、過去の経験として、自分が他の友人にくらべてとても姿勢が良いことに気がついていました。そして、姿勢が良いことは大変良いことなのに、突然それは物笑いの種になってしまって、どうにかしてわたしは、良い姿勢から少しでも悪い姿勢になりたいと思うようになってしまいました。単にわたしは、他の人たちと同じようになって、みんなの中に溶け込みたいと願うようになっていました。

中学では特に、自分自身を友人と比べないことのほうが難しいことです。わたしたち、みんながしてきたことです。よく耳にするのは、「あなた自身でいることが大事で、他の人がどう考えるかなどは気にしてはいけません。群がるというのは、よくありません。」というようなことです。これは、いかにも正しいことで、同級生からの圧力に負けないためには役に立つでしょう。しかしときどき、ささいなことで個性を失ってしまうのは、簡単なことで、他の人がやっていることに同意してしまうのは、よくあることなのです。なぜなら、それはとても居心地が良いことだからです。

わたしは、友人たちとよくある大木の下に座って、ランチを食べました。わたしの友人の多くは、食べている間、背中を丸めたり猫背になったりしていました。そのテレビの台本を読んでからというもの、わたしは、友人たちのほうがわたしより格好が良くて、わたしが良い子ぶりっ子であると、感じはじめるようになりました。（数年後、友達のひとりにこのことを尋ねたら、「なんですって？　誰もそんなこと考えていなかったわよ。」と言われてしまいました。でもそのときは、わたしは、みんなはわたしだけが違うところに気が付いて、それに基づいてわたしのことを判断していると信じ込んでいました。)

実際、わたしは、友人たちと昼食を食べながら座っているときに、前かがみになる練習を始めました。それから教室で座っているとき、そしてだんだんに、どんなところでも、座るときはいつでも前かがみになる練習をするようになっていました。どんなところであろうと、前かがみになる練習ができるところでは、そうしたのでした。そうすることによって、「ダニカをからかうエピソード」がテレビで放映されるころには、みんな、なんでもなさそうに、「でも、実生活でのダニカは姿勢よく座ったりしないな。ダニカは、他のわたしたちといっしょで、前かがみにだらしなくしている。」と言うだろうと、想像していたのです。わたしは、前かがみになる悪い習慣を数ヶ月続けました。わたしは、そうすることによって、もっとみんなに好かれると思い込んでいたのです。

もちろん、これらはすべて、わたしの頭の中だけでの出来事です。振り返ってみると、誰もわたしの新しく開発した悪い習慣には、気づいていなかったようです。そして数年後、わたしは、前かがみの姿勢で長く座っていると、わたしの背中が痛むことに気づきはじめました。確実に、背中を痛めてまで格好いいそぶりをする利点は、どこにもありませんでした。

学校生活のある時点で、なんであろうとそのときわたしたちにとって重要と思われることに関して、わたしたちができることよりも低いこと、劣等生や悪者ぶることが格好良く見えることがあります。それは、姿勢の悪さであったり、成績が悪いことだったり、態度が悪かったりすることです。しかし、こういうことが格好良く見えるのは、ごく限られた短期間のことだけなのです。そして、一旦、悪い方向に踏み出してしまうと、それを取り戻すのはとてもたいへんなことなのです。わたしの体験から、これは、確かです。

もちろん、あなたが得意なことをこれ見よがしにひけらかすのも、良い考えではありません。小学校六年生のときのことです。歴史の時間に試験が返されて、それは、百点に近い点数でした。わたしはとてもうれしくて、わたしは、ポンプのように腕を上げ下げして、「やった！」と独り言を言ったのです。

運の悪いことに、わたしの声が大きくて何人かの生徒の耳に入ってしまったのです。それは、たわいのない間違いでした。しかし、何人かの生徒にいやな思いをさせてしまったのは、確かです。そしてたぶん、そのことが原因で、そのときのボーイフレンドがわたしに話しかけなくなってしまいました。考えてみてください。

あなたは、「でも、もっと勉強しなかったのは、その人たちの責任でしょう。」と言うかもしれません。しかし、他の人の感情に気を遣うことが重要です。見せびらかされるのを喜ぶ人は、いません。たぶん、両親は別として。

あなたは、あなたの全力をつくして、一番高いところまでいけるはずです。他の人の感情を害する必要はありません。実際、あなたが誇りに思うことを成し遂げたとき、謙虚であることそして見せびらかしたりしないことが、結果として、あなたの周りの人を勇気づけていることになるのです。たぶん、そうしていることに気づかずにです。

# 文章題への招待

## 文章から、数学への翻訳

あぁ、難しい文章題。一言、言わせてもらうと、文章題をうまく解く鍵は、一つ。文章をどう数学に書き直すか、学ぶことです。

あなたはすでに、言葉をどう翻訳するか、別の状況で学んでいます。たとえば格好いい男の子が、「何してるの？」とテキストメッセージを送ってきたら、実際に彼がこの瞬間あなたが何をしているかに興味がある確率は、とても低いでしょう。

あなたが、うれしくてほほを赤くしている理由は、あなたが彼のメッセージの本当の意味を翻訳して、知っているからなのです。「ぼくは、きみのこと気に入っている。そして君のことが好きだから、君が何をしているのか知りたいんだ。」すべて翻訳の中に、真実が隠されているのです。

数学の言葉では、数字や、記号が拡張されたアルファベットとして使われている。そして、それらをいっしょにして、「命題」や、たとえば$1+3=4$のような「式」として表される。これは、「1に3を加えると、4になります」と、言葉で言うよりも、はるかに手っ取り早いはずです。数学の言葉を使うと、ある考えを表現するのに、ほかの手段では考えられないほど、はるかに効果的に事を進めることができます。

これが、文章題とどう関係してくるの？ すべて係わってきます。文章題では、日常の言葉を数学の言葉に直していくのです。そしてなんであろうと、関係のある数学の問題を解いて、それから、その結果をまた日常の言葉に翻訳しなおすのです。この翻訳の過程が、もっとも難しいところです。

たとえば、文章題は、次のように始まるかもしれない。「テイラーは、雑誌を12冊持っている。マジソンは、テイラーの$\frac{2}{3}$にあたる雑誌を持っている。マジソンは、雑誌を何冊持っているでしょう？」

この文章題は、12の$\frac{2}{3}$がいくつにあたるかを、尋ねているのではありませんか？ はじめのステップは、文章を数学に翻訳することです。つまり、12冊の雑誌の$\frac{2}{3}=12$「の」$\frac{2}{3}$のことです。そしてそれは、$12\times\frac{2}{3}$と等しいのです。さぁ、数学の問題に翻訳できたので、それを解くことができます。$\frac{2}{3}\times 12=\frac{24}{3}=8$。そして、次にこれを日常語に翻訳しもどせばいいのです。マジソンは、8冊の雑誌を持っています。

### 世界の共通語

あなたは、世界各国どこでも、ヨーロッパそして南北アメリカのどの国でも、そしてアフリカ、アジアの多くの国で、人々があなたが使っているのと同じ数や、数学の記号を使っているという事実を知っていましたか？ 地球上には、誰も英語を話さない町や村がごまんとあります。それにもかかわらず、あなたがそのうちの一つを訪ねたとしたら、彼の言語は、まったくわからないかもしれませんが、たぶん、彼らの数学を理解することは可能です。世界中で、数学は、どの言語よりも頻繁に使われている言葉なのです。実際、数学は本当に万国共通なので、地球外の生物がわたしたちに連絡してくるとしたら、彼らの使う言葉は数学であろうと、多くの人が信じているくらいなのです。

## 「の」を使った掛け算の規則

普通わたしは、一般的ですべてをカバーするような宣言はしないのですが、ここでは一回だけ、例外的に認めましょう。あなたが数学の文章題を解くとき、「の」という言葉が、二つの数にぴったりはさまれているときは、それは掛け算を表します(ところで、二番目に来る数は、たいてい、分数、小数、あるいはパーセントなどです)。

(はじめの数)の(次の数) = (はじめの数)×(次の数)

考えてみてください。12の$\frac{1}{2}$は何でしょう？ それは12と$\frac{1}{2}$の積なので、6という答えになるでしょう。200の30%は、何ですか？ わたしたちは、30%が0.3であることを知っているので、200×0.3で、60を得ます。

ところで、第13章の始めの挿絵にあった牛乳パックを覚えていますか？ もし、その牛乳パックに脂肪分2%の表示があり、1リットルの半分だけ牛乳が残っているとしたら、実際どれだけの脂肪がその中に含まれているでしょう？

さて、ここでの問題は、「1リットルの半分の2%は、いくらですか？」または、0.5リットルの2% = ？に答えることです。

0.5リットルの2% = 0.5×0.02 = 0.01リットル

ということは、とても少ない牛乳の脂肪しか、含まれていないようです。

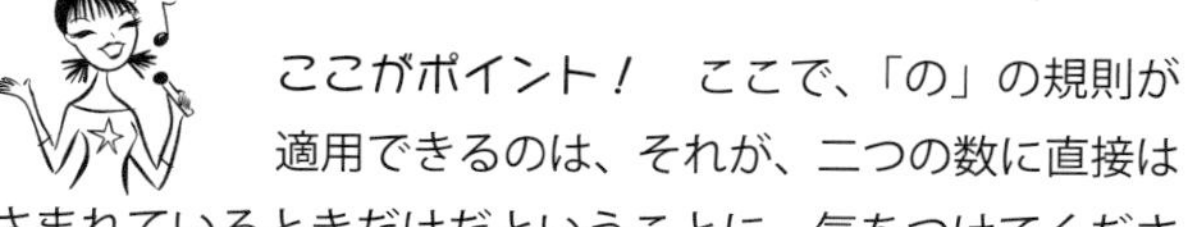

**ここがポイント！** ここで、「の」の規則が適用できるのは、それが、二つの数に直接はさまれているときだけだということに、気をつけてください。もし、二つの数の間に何か他の言葉が入り込んでいるときは、直接の掛け算だけでなく何か、余分な段階を踏まなければならないということです。

たとえば、「20 ドルから、その 40% を差し引いた値段を求めなさい」というような問題のときです。

この場合は、20 掛ける 40% が答えではありません。なぜかというと、20 と 40 の間に、「の」以外の言葉、「から」があるからです。

さて、もう一つ例題を解いてみましょう。20 ドルの 25% を求めましょう。まずこの 25% を、小数か分数に変換する必要があります。それから、その値を 20 と掛け合わせる。たとえば、25% は $\frac{1}{4}$ なので、$20 \times \frac{1}{4}$ を計算して 5 と答えがでます。または、25% を小数になおして、$20 \times 0.25$ ともできます。いずれにしろ、5 ドルという同じ答えが求められます。

### 練習問題

次の言葉や、文章を数学の言葉に翻訳しましょう。（それらの問題を解くのではなくて、翻訳の練習です。）はじめの問題は、わたしがしてみせましょう。

1. 8 の 20% は、何ですか？

答え：$8 \times 0.2$

2. 10 の 0.6 は、何ですか？
3. みかんが 30 個あります。その 3 分の 1 は何個ですか？

4. 600 という数の $\frac{1}{3}$ の 16% は、何？
5. 10 ドルから、その 60% を引いた値は？

最後のは間違いやすい問題なので、みなさんに紹介したかったのです。この問題は、「10 ドルから、60% の割り引き」といっているのであって、「10 ドルの 60%」ではありません。二つの数の間が、「の」だけではないので、いつものように掛け算に翻訳するだけでは、本当の答えは得られないのです。もう一段階、手続きが必要なのです。そもそも、「60% 割り引き」というのはどういう意味でしょう？ それは、10 ドルの 60% を元の金額(10 ドル)から、引き算するという意味です。

$$10 \text{ の } 60\% = 10 \times 0.6 = 6$$

さぁ、6 ドルを元の 10 ドルから引けばいいとわかったので、

$$10 - 6 = 4$$

で、10 ドルから 60% 割り引いた金額は、4 ドルとなります。

この方法でとても大切なのは、もう一つのステップ、引き算を忘れないことです(よくある間違いは、掛け算の部分で計算が終わったと思い込んでしまうことです。実際にはまだ計算の途中で、終わってはいないのです)。

## 割り引きセールの問題

さぁ、セール中の商品が実際いくらなのか、計算してみましょう。レジに商品を持っていって支払う前に、いったいいくらになるのか知っていると、とても便利です。そしてそれは、そんなに難しいことではありません。ちょっとだけ、数学を使えば済むことです。

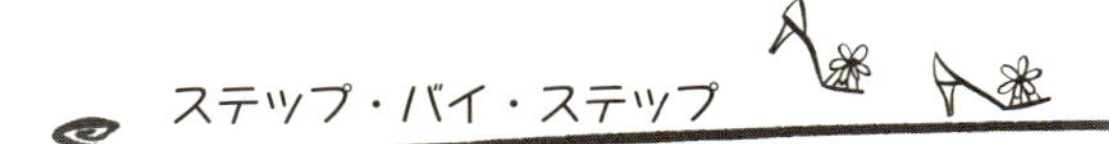


“パーセント割り引き” の計算法

ステップ **1.** 与えられたパーセントを分数か、小数に直す。

ステップ **2.** 金額にその値を掛けて、小さい金額を得る。

ステップ **3.** はじめの金額からこの ‘小さい金額’ を引いて、できあがり。

## スタート(レッツ)! ステップ・バイ・ステップ実践

あなたがついに、あなたにぴったりのジーンズをみつけたとします。元の値段は50ドルでしたが、30%割り引きの値札がついていました。現在は、いったいいくらしているのでしょう？

この文章題を数学の言葉に翻訳すると、「50ドルから、その30%を引いた値段」を探しているようです。

ステップ **1.** まず、30%を分数か小数に直す。小数にしてみましょう。30%＝0.30＝0.3。

ステップ **2.** ドルの値にその小数を掛ける。$50×0.3＝$15。

ステップ **3.** 元の金額から、15ドル(これは、50ドルの30%にあたる)を引いて、$50－$15＝$35。

素敵なジーンズが35ドルで買えるのは、悪くないではありませんか？

## 割り引き率が分数で表されるセールの場合

割り引きの割合が、分数で表されているときもあります。これも、パーセント割り引きの場合と同じか、もっとやさしいといってもいいかもしれません。なぜなら何も変換する必要がないからです。上記でいうと、ステップ2から始められるからです。試してみましょう。

12ドルからその$\frac{1}{4}$を引いたらいくらでしょう？

まず、12の$\frac{1}{4}$を計算します(それは、$12\times\frac{1}{4}=3$です)。それを12ドルから引いて、9ドルが答えです。

**みんなの意見**

「昨年の数学の時間は、好きになれませんでした。なぜかというと、わたしの先生が嫌いだったからです。でも今は、数学が好きになりました。今度の先生は、数学を面白く教えてくれるからです。わたしは、頭を使って問題を解くのが好きです。」パオリナ(13歳)

「あなたが理解できないからといって、怖がる必要はありません。」C.C.(17歳)

## 練習問題

次のように、割り引き率がパーセントや分数で表された問題を解いてみましょう。はじめの問題は、わたしがしてみせましょう。

1. あなたは、とてもかわいいトップが、140ドルで売られているのをみつけましたが、値段が高すぎて買えませんでした。しかし、今セールをやっていて、なんとそのトップには、75% 割り引きの値札がついていました。さぁ、そのトップの現在の値段は、いくらでしょう？

解：わたしたちは、140 ドルからの 75% 引きを計算する必要があります。まず、140 ドルの 75% を計算しましょう。それは、$\$140 \times 0.75 = \$105$ です。さて、これを 140 ドルから引き算する必要があります。$\$140 - \$105 = \$35$。わぉ、これはとてもお買い得です。

答え：35 ドル

2. あなたは、いいハンドバッグが 30 ドルで売られているのをみつけました。そしてそれは、30% 割り引きのマークがついていました。さて、実際のセールの値段は？

3. あなたのお気に入りの靴屋さんで、今、セールが行なわれています。'店内にあるものは、すべて $\frac{1}{3}$ の割り引き価格' というサインがありました。あなたは、素敵なアンクル・ブーツに 120 ドルの値札がついているのをみつけました。さて、そのブーツの割り引き後の値段は、いくらでしょう？

4. ある雑誌の購読セールで、一年間の購読契約をすると、毎月の雑誌が正規の 40% 引きになると書いてありました。その正規の値段は、2.50 ドルです。割り引き後、あなたは毎月その雑誌にいくら払うことになりますか？ 一年間（12 ヶ月）の購読では、全体でいくら払うことになるでしょう？

次からの章で、別のタイプの文章題を見ることになるでしょう。それには、次の翻訳表が重宝するでしょう。

その他の便利な日常語から数学への‘翻訳’表

| 言葉（日常語） | 数学 |
|---|---|
| 「の」 | × 掛け算 |
| 「和」、「合計」、「より大きい」 | ＋ 足し算 |
| 「差」、「より小さい」 | － 引き算 |
| 「──あたり」、「商」、「──につき」 | ÷ 割り算 |
| 「は、…である」、「が、…である」 | ＝ 等号 |

## この章のおさらい

- 文章題では、日常語を数学語に翻訳する必要があると思うことにしましょう。なんといっても、数学はもう一つ別の言葉なのですから。
- 文章題で、「の」の両側に数字が来ているときは、自動的にその「の」を、掛け算の記号で置き換えましょう。
- ‘パーセント割り引き’の問題を解くときは、そのパーセントにあたる値を掛け算で求めてから、全体の（元の）値から、引きましょう。

- ‘何分の何(分数)割り引き’の問題を解くときは、その分数にあたる値を掛け算で求めてから、全体の(元の)値から、引きましょう。

### あなたは、「数学語」が話せますか？

よく考えてみると、数学は外国語の一つのようです。その言語は、主に数を扱い(そしてときには、$x$ や $y$ のような記号も使い)、それを使って考え方を表現する言葉なのです。これは、みんなが使っている日常語とは違います。他の科学である、化学や物理のほうが、数学よりも日常語に近いでしょう。

数学は、あなたのコンピュータの内部で使われている言葉であり、プラスチックから口紅まで、すべての化学式をつかさどり、あなたのメッセージをあなたの携帯電話から、空気中を通して発信するのに使われている言語なのです。そんなわけで数学は、‘自然科学の言語’とも呼ばれています。数学は秘密コードのようなもので、‘数学’が話せると、他の人には到底理解不可能なことが理解できるようになるのです。

もちろん欠点もあって、‘数学’を話さない人に、数学についての助けを求めることがむずかしいということです。そして、ほかの外国語といっしょで、練習を怠るとすぐに忘れてしまうことです。だから数学は、夏休みのあと、とても取り戻すのがたいへんなのです。というわけで、長い休みのあとには、以前に学習したことの復習をしてから、新しい概念の勉強に移るのが普通です。

数学を外国語の一つと思えば、ときどき混乱してしまう理由もわかるというものです。辛抱しましょう。あなたは、スペイン語のクラスのはじめての授業で、もうすでになんでも理解できていることを期待しますか？ もちろん、そんなことはありません。あなたは、はじめからなんでも、つじつまが合ったり、はっきりしたりしないかもしれないということはわかっていて、それでも、それを続けていけば、いつしか意味がはっきりわかってきて、理解することが容易になるとわかっているはずです。

数学という外国語にも同じことがあてはまります。そしてこの本は、あなたの数学語が、もっともっと上手に話せるようになる助けになるはずです。

# 比

わたしが高校生だったころ、学校から戻ると、電話で、たいていは親友のキミーと一度に何時間も話したものでした。確かに、宿題にも時間をかけました。でも、翌日が試験というのでもない限り、1時間勉強したら、2時間は電話で話していたというのが、実情でしょう。

これは、1対2の**比(率)**です。

比の表し方は、三通りあります。

$$1\text{に対する}2\text{の割合、}1:2\text{、}\frac{1}{2}$$

が、そうです。

これらすべての比の表し方は同じ内容、つまり、それらを比べると、1に対して2になると言っているのです。

比は、時間や距離や金額を比べるときに使うことができます。実際、どんな単位でも、比べている単位がお互いに同じである限り、比をとることができます。つまり、比を考えるときはいつも、時間数に対しては時間数を、マイルに対してはマイルを、というように、全く同じ単位同士を比較するのです。決して、時間数とマイルを比べたりはしません。わたしの言っている意味がわかってもらえたでしょうか？

あなたは比のことを、実生活においての分数として考えることもできます。そしてそれらは、文章題の一部として現れることもあるのです。だから、比のことを知っておくとためになります。わたしたちはここまで、分数をどう扱うか、何章かかけて学んできたので、今やそれをどう生かすか、見てみましょう。（ピザだけに使えるというわけではないでしょう！）

"ring ring"

この言葉の意味は？・・・比

比は、同じ単位で表された二つの数の比較です。言い換えると比では、いつもわたしたちは、りんごに対してはりんごを、時間数に対しては時間数をというふうに、同じ種類のもの同士を比べるのです。比は、言葉で表されたり、比の記号（コロン：）を使って表されたり、または分数で表されたりします。比はいつも、既約分数の形で表されます。

確かに、わたしはキミーと長電話しましたが、テスト前夜には、長電話は控えました。1時間勉強するごとにたぶん、20分電話しただけでしょう。さて、1時間に比べて20分では、'勉強時間に対して電話した時間' の比は、どうなるでしょう？

$$1\text{に対して}20\text{？、}1:20\text{？、}\frac{1}{20}\text{？}$$

いいえ、そうではありません。もしこれが正しい比とすると、勉強1時間に対して、20時間電話したことになります。これは、いけません！

どこで間違えたのでしょう？　問題は、わたしたちが二つの異なる単位――時間と分――を比べようとしたことにあります。単位は、比を作る前に、全く同じになるように変換しておくことが必要です。

**ここがポイント！**　あなたが比をコロンで表そうと、分数を使おうと、二つの数の間に公約数があってはいけません。言い換えると、比はいつでも、これ以上約分できない既約な形（既約分数）で表します。

**要注意！**　繰り返します。比を扱うときには、使われている単位が全く同じであることを確認しましょう。「1時間に対して20分」や、「75セントに対して2ドル」や、「3マイルに対して4キロメートル」などは、間違いやすい（同じ単位ではない）ので、気をつけましょう。

どうして間違いやすいかというと、時間数も分も種類としては同じ時間の単位であるし、ドルとセントもお金の単位という点では同じ、マイルとキロメートルも距離の単位であることでは、同じ種類といえるからです。しかし単位としては、全く同じではないので、間違いが起こるのです。上記でみたように、'1：20時間'というふうなミスです。

単位が異なるときには、単位が同じになるように、単位の変換をする必要があります。第19章で、単位の変換についてはさらに詳しく学習することになりますが、基本的には言葉通り、一つの単位を別の単位に変換することです。ここでは、単位変換は簡単なものにとどめておきます。たとえばドルをセントに直したり、時間を分に直す範囲にしておきます。

単位にはよく注意して、間違えないようにしましょう。

このことを頭において、**1時間と20分の比**を求めるには、両方を、分か時間かどちらか一つの単位に直す必要があります。1時間を分に直しましょう。1時間 = 60分なので、それを代入すると、60：20または、$\frac{60}{20}$となるでしょう。

その通り、でもこれは、最終の答えではありません。まだ約分ができるので、既約分数になっていないからです。約数を書き並べるか、ウェディング・ケーキ方式を使って60と20の最大公約数は、20であることがわかるはずです。分子と分母を20で割って、既約分数が得られます。

$$\frac{60}{20} = \frac{60 \div \mathbf{20}}{20 \div \mathbf{20}} = \frac{3}{1}$$

というわけで、試験前夜の勉強時間と電話する時間の比は、3に対して1、あるいは3：1、または $\frac{3}{1}$ です。以上。

**ここがポイント！** 比の問題で、異なる単位が与えられたら、一つの単位を相手の単位に直す必要があります。どちらを選ぶかはあなた次第です。どちらを使っても、互いに既約な形まで変形すると全く同じ比になるからです。どちらの単位でも、計算がしやすそうなほうを選ぶとよいでしょう。

**要注意！** あなたの二つ数の順番に気をつけましょう。もし、‘勉強時間に対する電話の時間’を訊かれているのであれば、勉強時間がはじめの数、あるいは分子にくるように注意しましょう。（これは、あたりまえのことなのですが、よくある間違いの一つなのです。）

## ステップ・バイ・ステップ

比の求め方

ステップ **1.** 両方の値が同じ単位で表されていることを確認する。（もしそうでなければ、すぐに同じ単位に変換する。）

ステップ **2.** 二つの数を使って、分数を作る。比較するはじめの数が、分子になる。言い換えると、'これとあれ' の比であれば、$\frac{これ}{あれ}$ になる。

ステップ **3.** できた分数を、既約分数になるまで約分する。これで、比が求まる。最終的な答えは、分数で答えてもいいし、言葉で表してもいいし、あるいは二つの数をコロン(:)で、左右に分けて答えることもできる。

あなたは、かばんやハンドバッグや洗面所の引き出しの中から、合わせて 15 本のリップ・グロスをみつけました。もちろん、そのうちのいくつかはほこりをかぶっている状態でしたが、あなたの妹は 12 本 'しか' 持っていなかったので、もちろんおもしろくありません。あなたが持っているリップ・グロスの本数と、あなたの妹が持っているそれの比は、いくらでしょう?

リップ・グロスとリップ・グロスの比は?

ステップ **1.** それらの値 15 と 12 は、同じ単位で表されていますか? 両方とも、リップ・グロスの本数なので、同じです。

ステップ **2.** 分数をつくる。

$$\frac{\text{あなたの持っているリップ・グロスの本数}}{\text{あなたの妹が持っているリップ・グロスの本数}} = \frac{15}{12}$$

ステップ **3.** 既約分数に直す。$\frac{15}{12} = \frac{15 \div \mathbf{3}}{12 \div \mathbf{3}} = \frac{5}{4}$。以上。

あなたのリップ・グロスとあなたの妹のリップ・グロスの比は、$\frac{5}{4}$ です。もちろん、答えは 5 に対して 4 としてもいいし、5：4 でもかまいません。

つまり、あなたの持っている 5 本のリップ・グロスごとに、あなたの妹は 4 本ずつしか持っていないことになります。きっとあなたは、たまには妹に貸してあげることでしょう。そうでしょう？

### 練習問題

次の比を求めましょう。約分するのを忘れないこと。はじめの問題は、わたしがしてみせましょう。

1. わたしは、クッキー一枚に 1.25 ドルと、りんご一個に 50 セント払いました。そのクッキーに払ったお金とりんごに払ったお金の比はいくらですか？

解：まず、二つの数が、同じ単位になっているか確認しましょう。1.25 ドルを 125 セントに直すことで、両方とも‘セント’の単位で表せました。次に、‘その一枚のクッキーに費やしたお金’のことがはじめに来ているので、125 セントを分子に、50 セントを分母にした分数を作って、約分を考えましょう。さて、分子と分母は 25 を公約数に持つので、両方を 25 で割って $\frac{5}{2}$ となります。$\frac{125}{50} = \frac{125 \div \mathbf{25}}{50 \div \mathbf{25}} =$

$\frac{5}{2}$。

答え：クッキーに費やしたお金とりんごに費やしたお金の比は、‘5 に対して 2’ または、5：2。あるいは、$\frac{5}{2}$ としてもよい。

2. 今日あなたは、ボーイフレンドに 16 回メッセージを送りました。それに対して彼は、12 回あなたにメッセージを送ってきました。あなたのメッセージに対して彼のメッセージの比は、いくらですか？

3. 昨日あなたは、水泳のあととてもお腹がすいて、$1\frac{1}{2}$ のサンドイッチを食べました。あなたの親友は、泳がなかったので、サンドイッチを $\frac{1}{2}$ 食べただけでした。あなたが食べた量は、あなたの親友が食べた量に対してどれだけの比になりますか？（ヒント：まず、大きな繁分数を作ってから、それを簡単な形に直しましょう。）

4. あなたは、その店で、化粧品に 6 ドルとバナナに 60 セント払いました。あなたが化粧品に費やしたお金は、そのバナナに費やしたお金に比べてどれだけの比になるでしょう？

5. そのガムは、1 パックに 5 枚ずつ入っていて、あなたは 2 パックのガムを持っています。それに対してあなたの友達は、6 枚のガムを持っています。あなたの持っているガムは、あなたの友人に比べてどれだけの比になりますか？（ヒント：あなたは、単位の変換を考える必要があります。あなたは、ガムの枚数で比較したほうが、パックの数で比較するよりよいでしょう。)

## どうしてかな?

あなたは、もう、気づいているかもしれませんが、102ページで、'勉強時間に対する電話時間'の比を求めるとき、実際には、'勉強に何分使ったかに対して電話に何分使ったか'の比を求めました。結局、二つの数を分に直して、60と20を得たあと、それらを約分したのでした。

このことからあなたは、「答えが、'勉強時間に対する電話時間'になっているのはどうしてか? なぜ、'勉強に何分使ったかに対して電話に何分使ったか'ではないのか?」と疑問に思うかもしれません。

実は比に関していうと、これらの二つのものは、全く同じことなのです。

考えてみてください。もしあなたが、あなたが電話で1分話すごとに3分勉強したとします。そうすると、電話で1時間話すごとに3時間勉強したことになりませんか? つじつまが合っているとは思いませんか? 比の問題で肝心なのは、二つの数の関係であって、その数そのものではないのです。

しかし、これらがどんなふうに等しいのかは、この問題を全部時間に直してから、その分数を既約分数にするやり方を通して観察することができます。

みんなの意見

「いわゆる、頭の弱い女の子たちというのは、男の子に気に入られるために、馬鹿なふりをしている頭の良い女の子たちのことです。そして彼女たちは、みんな頭の良い女の子になる可能性を持っているのです。」ブリアナ（17 歳）

「本当に馬鹿な女の子というのは、存在しないと思います。もしいたとすると、彼女たちは、単に社会が彼女たちがどうあるべきか作り上げたステレオタイプを受け入れているだけだと、思います。」アイリス（15 歳）

## この章のおさらい

- あなたが、二つの数から比をつくるときは、その二数が、全く同じ単位で表されていることを確認しましょう。（つまりあなたが、時間対時間、マイル対マイル、リップ・グロスの本数対リップ・グロスの本数のように全く同じものを比較していることをチェックしましょう。）
- 二つの数の単位が同じであることを確認し終わったら、二つの数を分数にし、それを既約分数に直して終了。

### 先輩からのメッセージ

トリシャ・ハシオグル(ニューヨーク州ニューヨーク市)

過去：救いようのないクッキー作り落第生

現在：ある融資銀行の外国為替取引業者

こんにちは。私の名前は、トリシャといって、ある融資銀行で外国為替取引の仕事をしています。わたしの仕事は、ある貨幣の価値が他の貨幣に比べてどう変化するかを予測する仕事、つまり、ある国の貨幣(たとえば、ユーロ)が、他の国の貨幣(たとえば、日本の円)に比べて、近い将来、価値が上がるか下がるかを判断する仕事です。それに基づいて、利益があがるように為替レートで商売をするのです。それは、株券を取引きするのと似ています。ただ、株券のかわりに、違った国々のお金そのものを扱うのです。

わたしの仕事は、ニュースで起こったことがどう為替レートに影響するか見きわめなければいけないので、とてもやりがいがあります。信じられないかもしれませんが、本当に影響があるのです。ときには、そのニュースの話が伝えられてから 1 分もしないうちに、すべてが変わってしまうことがあります(たとえば、イタリアで地震があったとか、日本で大きな会社が倒産したとか)。これらの取引の決断をするために、休みなく論理と数学を使い続けなければなりません。そして一日の終わりには、その日どれだけ儲けがありどれだけ損失があったのか(たくさんの利益があり、損失はゼロであることを願いつつ)計算し、自分の取引の具合がどうだったかを見ます。それは、速い速度で変化するので難しいですが、そんなところがわたしは好きなのです。

人生は、自分のやりたい仕事と、それに必要な能力を身に着けていると、はるかに生きやすくなります。そんな仕事が存在していることさえ、はじめて数学を習いはじめたときには、まったく知らなかったとしてもです。

クッキー作り入門：悲惨なことが起ころうとしていた！

わたしが小学生だったころ、わたしは、クッキーを焼くのがとても好きでした。そして、自分なりのレシピを作りはじめるのに、そう長くはかかりませんでした。

「もっと、砂糖と油を加えたら、どんな味になるかな？」とわたしは想像しました。「もっとバターを入れたら、もっとサクサクしたクッキーができるに違いない。」残念ながら、わたしのクッキーはおいしくはできませんでした。それはわたしが、それぞれの材料の分量の比を均等に(比例して)調節しなかったからです。そのときわたしは、日常生活において、単純な数学(分数であるとか、比例であるとか)をきちんと計算して行なうことが、いかに大切か学んだのでした。これらの能力は、わたしのクッキーのレシピ作りを助けただけでなく、現在では、わたしの仕事の中心になっているのです。あなたが今、数学の時間に習っていることが、いつ、どのように使われるのか、いったい使われることが実際にあるのかわからなかったとしても、わたしの言うことを信じたほうがいいです、絶対に役に立つのですから。人生において、数学に強いということは、多くの場面で有利に働きます。あきらめないで、がんばりましょう。将来、ここでがんばったことを、感謝する日がやってくるからです。

# 単位あたりの割合

「雑誌購読セール！ インターネット特別割り引き、一冊たったの 2.99 ドル！」

「アメリカ合衆国では、年間約 82 万人のティーンエイジャーが妊娠し、ティーンエイジャーの妊娠率は欧米で最大である。」（www.teenpregnancy.org/resources/data/genlfact.asp による 2005 年現在の記録に基づく。）

「エアロビクスで、1 分あたり 120 の心拍数を目指しましょう。あなたに最適な 1 分あたりの心拍数は、一覧表を参照のこと。」

比率は、いたるところで見かけられます。比率は比と似ていますが、単位の違う二つを比べているところが異なります。

この言葉の意味は？・・・比率

比率は、二つの違った単位をもつ量同士の比較です。比率はしばしば分数で表され、それは、常に既約分数の形です。比率は、二つの違った単位が関係してくるので、最終の答えの分数の一部として、それらの単位は、含まれていなければなりません。

たとえば、あなたが10人の友人たちとアイスクリームを2カートン買って、アイスクリーム・パーティを開いたとする（あなたと10人の友人で、11人）と、一人あたりのアイスクリームの比率は：

$$\frac{2\text{カートンのアイスクリーム}}{11\text{人}}$$

となります。2と11は、1以外の公約数を持たないので、この比率はこれ以上簡単にはできません。おしまい！

最もよく使われる比率は、**単位比率**と呼ばれるものです。単位比率では、常に分母が1です。この章のはじめにでてきた例は、すべて単位比率でした。

$$\frac{2.99\text{ドル}}{\text{雑誌}1\text{冊}} \quad \frac{82\text{万人の少女が妊娠}}{1\text{年間}} \quad \frac{\text{心拍数}120}{1\text{分間}}$$

単位比率では、「…あたり」という言葉が使われているのに気がつくでしょう。「雑誌1冊あたりの値段」、「1分間あたりの心拍数」などのように。

**この言葉の意味は？・・・単位比率**

単位比率は、分母（下にくる数）が1に等しい比率のことです。単位比率は、上記で見たように分数で表されたり、「…あたり」や、「…につき」を使って‘1時間あたり65マイル（時速65マイル）’や、‘一人につきハンバーガー二つ’や、‘CDあたり17曲’などのように、表現されます。

単位比率に価格が関係してきたとき、たとえば‘DVDあたり20ドル’のようなときには、その比率は、単価と呼ばれることがあります。「なるほど」、納得ではありませんか？

**ここがポイント！**　単位比率の分子（上の数）は、整数である必要はありません。実際、たいていは整数ではありません。（この章のはじめにでてきた、雑誌の単価がそうでした。）たとえば、あなたが一日に1.5リットルの水を飲むとすると、あなたの飲料水の単位比率は、1日あたり1.5リットル、つまり $\frac{1.5\text{リットル}}{1\text{日}}$ というわけです。単位比率は、分数を単純化するときのやりかたが、普通やるような約分を通さない特別な場合と考えることができます。（これは、単位比率では、分母がいつも1でなければならないという制約からくるものです。）

みんなの意見

「頭のいい女の子は、友達として最高だと思います。十代という常に問題に直面する時期に、冷静な頭のいい友達をもっていることは素晴らしい。彼女たちは、現実的で役に立つ解決法をアドバイスしてくれるから。」ニコール(14歳)

## ステップ・バイ・ステップ

比率や単位比率に直す方法

ステップ **1.** その比率を分数で表す。もし、「これは、あれに対してどんな比率？」とか、「これは、あれにつき」や、「これは、あれあたり」という質問に対しては、$\frac{\text{これ}}{\text{あれ}}$ という分数を作ります。そして、二つの単位を分数につけることを忘れないこと。なぜなら、その単位は同じものではないからです。

ステップ **2.** その分数を約分する。もし、単位比率を求めたいときには、ステップ3に移動。

ステップ **3.** 単位比率を求めたいときには、分子と分母を分母で割って、新しい分数の分母が1になるように変形する。(分子と分母を同じ数で割ることは、その分数の値を全く変化させなかったことを思い出しましょう。)注意：分子が整数である必要はありません。分子は、小数あるいは分数かもしれません。

ステップ **4.** 答えに、単位を添えるのを忘れないこと。

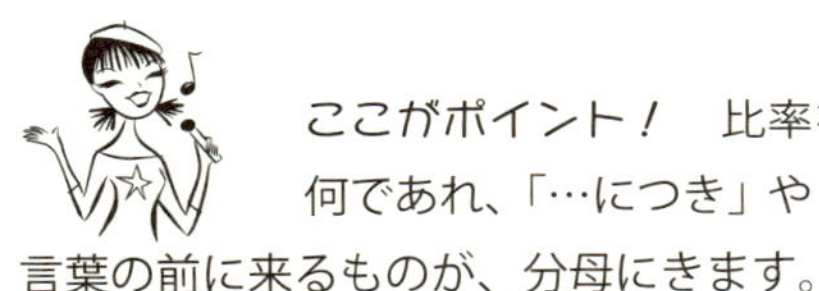

ここがポイント！　比率を求めるときには、何であれ、「…につき」や「…あたり」という言葉の前に来るものが、分母にきます。

たとえば、文章題で「12匹の子犬が6ポンド（1ポンドはおよそ450グラム）のドッグフードを食べました。一匹の子犬あたり何ポンドのドッグフードが消費されましたか？」と訊かれたとします。あなたはどうやって、どれを分子にどれを分母にもっていくか判断できるでしょうか？

ここでは、「あたり」という言葉があるので、その直前にある言葉を探せばいいのです。上記の例では、それは子犬なので、それが分母に来ることは間違いないのです。

したがって、わたしたちの答えは、$\frac{6\text{ポンド}}{12\text{匹の子犬}} = \frac{6 \div \mathbf{12}}{12 \div \mathbf{12}} = \frac{0.5\text{ポンド}}{1\text{匹の子犬}}$と計算できて、‘子犬あたり0.5ポンドのドッグフード’となります。どの子犬も0.5ポンドのドッグフードを食べた計算になります。

さぁこれで、「あたり」（英語では、per：パー）という言葉の直前に来る言葉が、分母（英語では、denominator：デノミネイター）に来ることがわかったと思います。でも、どうやってこの順番を確実に記憶したらいいでしょう？　簡単な方法があります。「かわいい」（英語で、pretty：プリティ）という言葉を、思い浮かべましょう。さて、これをアメリカの南部なまりで発音することを想像してください。そうすると、響きは「パーディ」（英語では、perdy）あるいは、per-Dのように聞こえるはずです。わかったかな？「あたり(パー)」のすぐ前に来る言葉が、「分母(D)」という覚え方です。

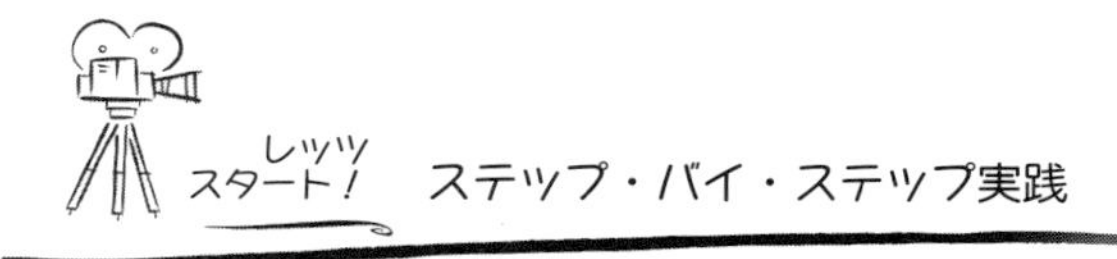


## ステップ・バイ・ステップ実践

次のシナリオを既約な比率で表してください。

クラスで、見学旅行にでかけようとしたのですが、学校のバスが故障してしまいました。そこで、先生たちが生徒たちを自分たちの車で移動させなければなりませんでした。生徒は30人で、車は8台あります。車に対する子どもの比率はいくらですか?

ステップ**1.** それを分数で表すと、$\dfrac{30\text{人の生徒}}{8\text{台の車}}$。

ステップ**2.** その分数を約分する。30と8は公約数2を持つので、分子分母を2で割って$\dfrac{15}{4}$を得る。$\dfrac{30 \div \mathbf{2}}{8 \div \mathbf{2}} = \dfrac{15}{4}$。15と4は、1以外に公約数を持たないので、これは、既約分数。

ステップ**3.** もし、単位比率を計算したいのであれば、分子分母を4で割って、$\dfrac{15 \div \mathbf{4}}{4 \div \mathbf{4}} = \dfrac{3.75}{1}$。つまり、1台あたり3.75人の生徒。おっとここで、3.75人の生徒というのは、実際に可能でしょうか? いいえ、たとえあなたが、あなたのうるさい弟のことを考えたとしても、一人の生徒の0.75というのは、考えるべきではありません。というわけで、このシナリオに単位比率を使うのは、適当ではありません。わたしたちは、既約比率 $\frac{15}{4}$ にとどまるべきです。

ステップ **4.** 単位をつけるのを忘れないこと。

答え：$\frac{15\text{人}}{4\text{台}}$

## テイクツー！　別の例でためしてみよう！

あなたの気に入りの店で、ほんとにかわいい T シャツのいくつかがセールになっています。通常それらは、一枚 4 ドルなのですが、そのセール中は、18 ドルで 5 枚のシャツを買うことができます。もし 5 枚買ったとすると、単価はいくらになりますか？ 言い換えると、そのセール中に 5 枚のシャツを買ったとすると、1 枚につきいくら払うことになるでしょう？

ステップ **1.** 分数に直しましょう。それは、‘1 枚あたり’と言っている(115 ページの‘ここがポイント！’参照)ので、シャツが分母にくる(パー D と覚えましょう)ことがわかるので、$\frac{18\text{ドル}}{5\text{枚のシャツ}}$ となります。

ステップ **2.** これは、単位比率(単価)を訊いているので、ステップ 3 に進む。

ステップ **3.** 分子と分母を 5 で割って、分母が 1 になるようにする。《$\frac{18 \div \mathbf{5}}{5 \div \mathbf{5}}$》分子は、小数を使った割り算

(基本のおさらい篇 196 ページ参照)が、必要で、 $18 \div 5 = 5\overline{)18} = 3.6$ になります。つまり、あたらしい分母に 1 をもつ分数は、$\frac{3.6}{1}$ となります。

ステップ **4.** 単位をつけるのを忘れないこと。答えは、$\frac{3.60\text{ドル}}{1\text{シャツ}}$、またはシャツあたり 3.60 ドルでも良いでしょう。

ということは、4 ドルのシャツに比べていい割合だけれど、それほど素晴らしい割り引きでもないようです。

練習問題

次の状況を比率で表しましょう。そして、答えが現実的でない(3.75 人の生徒のように)場合を除き、単位比率を求めてください。はじめの問題は、わたしがしてみせましょう。

1. あなたのお母さんが、ハンバーガー用の肉をいつもの店で買いました。その包装紙には、6.72 ドルで重さは 2.1 ポンド(1 ポンドはおよそ 450 グラム)と書いてありました。その肉は、ポンドあたりどれだけしたのでしょう？

解：まず、その比率を分数で表しましょう。問題は、'ポンドあたりの値段' を訊いているので、ポンドが分母にいくことがわかり、$\frac{6.72\text{ドル}}{2.1\text{ポンド}}$ となります。

通常、お金の単位には小数点が使われる(セントの部分)ので、単位比率を計算してもよいことがわかります。そこで、上記の例と同じくステップ 3 に進んで、分子と分母を分母で割って、分母を 1 にすることができます。$\dfrac{6.72 \div \mathbf{2.1}}{2.1 \div \mathbf{2.1}}$。分母は 1 なので、分子の割り算を実行しましょう。

分子では、小数同士の計算 $6.72 \div 2.1 = 2.1\overline{)6.72}$ をしなければならないので、割る数の小数点を取り除くために、両方を 10 倍して $21\overline{)67.2}$ と変形します。

小数の割り算を少しする（または、計算機を使って）ことによって、$21\overline{)67.2} = 3.2$ と商が得られます。というわけで、次の式が成り立ちます。

$$\frac{6.72\,\text{ドル}}{2.1\,\text{ポンド}} = \frac{6.72 \div \mathbf{2.1}}{2.1 \div \mathbf{2.1}} = \frac{3.2}{1}$$

そして、答えの 3.2 は単位がドルなので、3.20 ドル（3 ドル 20 セント）であることがわかります。どんなときでも、答えに単位をつけるのを忘れないでください。

答え：そのハンバーガー用の肉は $\dfrac{3.20\,\text{ドル}}{1\,\text{ポンド}}$、つまりポンドあたり 3.20 ドルです。そして、あなたがその店に行く次の機会に、注意して見ると、ポンドあたりの値段が表示してあるのに気がつくでしょう。

2. あなたは、次の陸上競技大会に向けて練習に励んでいます。コーチがあなたは、5 日間で 32 マイル走ったことになる、と言っています。さて、1 日あたり何マイルにあたりますか？

3. 昨日学校の寄付金募集で 10 人の生徒が参加して、カーウォッシュの活動をしました。全部で 14 台の車を洗うことができました。さて、車に対する子どもの比率はいくらですか？

4. あなたは、自分と友達のために5本のウォーター・ボトルを買いました。全部で12.50ドル払いました。ボトルあたりいくらしたことになるでしょう？ つまり、単価はいくらでしたか？

5. あなたは、あなたの写真のアルバムを飾るために、その店でリボンをいくらか買いました。あなたは、3.2フィートのリボンを2.88ドルで購入しました。(1フートあたりの)単価は、いくらでしょう。

## この章のおさらい

- 比率は、違った単位を持つ二つの数の比較です。あなたの答えには、常に単位が必要なことを、覚えておくこと。

- 単位比率は、分母に1を持つ比率の特別な形です。(分子は小数になることもあるし、分数のこともある。) これらは、実生活でよく使われるものです。

- あなたが最初の分数を作るとき、正しい値を分子と分母に持ってくることが大切です。たとえば、‘生徒に対して、何台の車がありましたか？’という質問に対しては、車が上で、生徒が下に来ます。

もし、「…につき」とか、「…あたり」という言葉(英語では、パー)が問題に使われていたら、しめたものです。どんな言葉であろうと、これらの言葉の直前にある言葉が、分母にきます。

ここでちょっと、わたしの話を聞いてください。比率をどう使うか知っていることは、ただ数学の宿題をすること以上に役に立つのだということの例をわたしの経験から、話してみたいと思います。信じられないかもしれませんが、単位比率を計算することが、映画の撮影でわたしの顔をベストな状態に保つことに、大いに役立ったのです。

ダニカの日記から・・・ローションの悲劇

二、三年前のことです。わたしは、「妨害された道」という、テレビ用の映画の撮影のために、はるか東ヨーロッパのブルガリアという国まででかけたのです。出発前にかばんの準備をしながら、予定の五週間の間に必要となるものをすべて考えようとしていました。

外国では、どんなものが手に入るのかわからないので、よく考えて準備しなければなりません。ブルガリアでは、ピーナツバターが手に入らないということを知っていましたか？ 本当のことなのです。わたしの母が、わたしがそこに居る間に訪ねてきてくれたのですが、パリ経由の飛行機で来る途中に、ピーナツバターを手に入れて来てくれたのです。なんて、いい母親なんでしょう。

とにかくわたしは、何か普通のものが足りなくなっても、たとえば練り歯磨きのようなものは、なんでも地元で手に入るもので間に合わせる自信がありました。しかし特別な、間に合わせが利かない物もあります。そのうちの一つが、お気に入りの顔につける保湿用のローションでした。つけたときの感じが好きで、とにかく、それをつけていると吹き出物ができたりしないので、それがないのとあるのとでは大きな違いなのです。

わたしは五週間の間、ずっとそれが使えるように、十分な量を持っていきたいと思いました。しかし、実際にどれだけ必要なのか見当がつきませんでした。なぜかというと、一週間にどれだけ使っているかなどということに注意を払ったことがないからでした。そんなことに気を配る人なんて、だいたいいるのかしら？

わたしは、どんな割合でそのローションを使っているか、一日にどのぐらいの割合で？ 一週間では、どのぐらいの割合で？

ローションがなくなってしまったら、どうしたらいいでしょう？ わたしは、3本のローションを持っていくこともできるということは、知っていました。しかしそれは、安くないローションだったのと、荷物のスペースがぎりぎりだったのです。わたしはどうしても、髪用のプレスは持っていきたかったので、それ以外のものは、必要最低限のものに留める必要がありました。

出発の二、三日前になってもまだ、どうやって量を決めてよいかわかりませんでした。そしてある日の午後、洗面所で、絶望的な気持ちで、ほとんど空になった2オンス(1オンスは約28グラム)の壜(びん)をながめているときのことでした。突然、わたしはサンプル用のローションを持っていたことに思い当たりました。

引き出しをかき回して、それを見つけることができました。それには0.14オンスと書いてありました。わたしはこのサンプルを使って、一日にどれだけ使うかを知ることができるのです。そして一旦、日にどれだけ使うかがわかれば、週にどれだけ使うかは計算可能です。ここで、わたしが使った方法を紹介しましょう。

使用量の単位あたりの割合を知りたければ、わたしが使ったローションの量と、それを使い切るのにかかった日数を代入すればいいのです。

$$\frac{\text{ローションのオンス量}}{\text{使用した日数}}$$

というわけで、それからの二、三日は、その無料サンプルからローションを使い、0.14オンスのパッケージを使いきるには、(朝晩使用して)ぴったり二日かかったのです。そこでわたしは、これを割合として表すことができました：

$$\frac{0.14\text{ オンス}}{2\text{ 日}}$$

次に、この割合を単位比率にするために、分子、分母を 2 で割って

$$\frac{0.14}{2} = \frac{0.14 \div \mathbf{2}}{2 \div \mathbf{2}}$$

と計算できます。だから、$\frac{0.07\text{ オンス}}{1\text{ 日}}$ です。

わたしは、保湿ローションを一日に 0.07 オンスずつ使っていたことがわかりました。さてわたしが、ブルガリアに居る間に必要な保湿ローションを計算するためには、0.07 オンスに滞在日数を掛け合わせればいいのです。

一週間は 7 日なので、五週間では、$7 \times 5 = 35$ 日あることになります。そしてもし、一日に 0.07 オンス必要だとすると、35 日では、どれだけ必要ですか？ この部分は簡単でした。0.07 オンスに、35 を掛ければいいだけだからです。

$$0.07 \times 35 = 2.45\text{ オンス}$$

このようにして、旅行の全日程で、2.45 オンスが必要だとわかったのです。これは、ほとんど $2\frac{1}{2}$ です。一壜につき、ちょうど 2 オンスずつ入っているので、もしわたしが 2 本持っていけば、確実に安全だということがわかりました。

　その旅は最高でした。映画の撮影は素晴らしかったし、そのちょっとした数学のおかげで、わたしのお気に入りの保湿ローションがなくなる心配をする必要が、全くありませんでした。

# 比例

セーラとマジソンは、まったく正反対です。セーラは、空想上のユニコーンやマーメイドが大好きで、マジソンはロックが好きで、ネイルを黒く染めています。しかし、ふたりには一つの共通点があります。ふたりとも、妹がいます。その妹たちは、お姉さんの真似をすることが大好きです。セーラの妹の名前がスウ、マジソンの妹の名前がメグだったとしましょう。すると、わたしたちは、

$$\frac{\text{セーラ}}{\text{スウ}} = \frac{\text{マジソン}}{\text{メグ}}$$

と、言うことができるかもしれません。

セーラとマジソンがどんなに違っているとしても、セーラとスウの関係は、マジソンとメグの関係に等しいからです。これが、上記の表現、**比例**の意味するところです。

比例の関係は本当に便利で、直感的にわかりやすい概念でもあります。“手には手袋、足には靴下（ソックス）”という比較を聞いたことがありますか？ わたしたちがここで言っているのは、手袋と手の関係は、靴下と足の関係と同じだということです（特に足の指ごとに分かれているソックスは、全く同じと言えます。そういうソックス

を見たことがありますか？ みかけは気持ち悪いところもあるけれど、同時に楽しいものでもあります)。

$$\frac{\text{手袋}}{\text{手}} = \frac{\text{靴下}}{\text{足}}$$

ここでは、分子のそれぞれが、分母をカバーしているのです。手袋は手にはめられているし、靴下は足に履かれているのです。それでは、これはどうでしょう？ 樫(かし)が樹木であるように、チューリップは花だ。" これは、上記のような比較として次のように表されます。

$$\frac{\text{樫}}{\text{樹木}} = \frac{\text{チューリップ}}{\text{花}}$$

この場合、それぞれ分子は、分母の種類に属する一つのタイプを表しています。樫は樹木の一つのタイプだし、チューリップは花の一つのタイプを指しています。

これらの比較が言いたいことは、左辺にある二つのアイテムの関係が、右辺にある二つのアイテムの関係に等しいということです。そうです、一種の分数同士が等号で結ばれた等式ということが言えるでしょう。

もう一度繰り返しますが、アイテム同士が等しいというのではなくて、それらの関係に注目しているのです。次の等式の空白にあてはまるのは、何かわかりますか？

$$\frac{\text{手の指の爪}}{\text{手の指}} = \frac{?}{\text{足の指}}$$

答えは、足の指の爪。そう、これは、特別難しかったわけではないでしょう？

一般に、こういう比較のことを、類推(アナロジー)と言います。数学では、それらを比例と呼びます。いままでに見て来た例は、あたりまえだったり、馬鹿馬鹿しく思ったりしたかもしれませんが、わたしを信じて。こういう類の比較の考え方が、この章で集中して勉強する比例を理解するのに、とても役に立つのです。

たとえば比例式 $\frac{1}{5}=\frac{10}{50}$ において、その下の数は上の数の 5 倍になっています。どちらの比も同じ関係を持っていて、それらは分数として等しい値を持ちます。

ring ring

この言葉の意味は？・・・比例

比例は、二つの分数が等しいことを表す命題です。その分数たちは普通、比であったり割合（比率）であったりします。比例関係にある分数同士はいつも値が等しいので、たすきがけが、いつも等しくなるのです。（たすきがけの復習は、基本のおさらい篇 123 ページにあります。）

ダニカの日記から・・・映画のトリック

わたしが 12 歳のとき、はじめてのホーム・ビデオ・カメラを手にして、妹のクリスタルと、いとこのエレナを相手に、短い映画を撮ることに夢中になっていました。

ほとんどは、わたしたちの好きな映画をまねたもの（焼き直し）でした。スーパーマン、バットマン、シンデレラ、雪だるまのフロスティーなどです。（わたしたちは、クリスマスのころ、よくいっしょに変身したものです。）でも現実的には、小道具といっても家の周りにあるものしか使えないし、わたしたちはたったの三人だけだったので、大いに想像力を働かせる必要があったことは、確かです。

シンデレラの焼き直しでは、クリスタル（彼女だけが、金髪の持ち主）がシンデレラ役を演じ、いとこのエレナが意地悪な継母役、そしてわたしは、ふたりの義理の妹たちを演じたのでした。それでわたしは、しょっちゅう洋服を着替えなければなりませんでした。雪だるまのフロスティーの焼き直しでは、その雪だるまが融けてしまったとき、わたしは、エレナがひざから倒れる場面を撮ったあと、それを見たクリスタルが泣きながら、「だめー、融けないで」と言っている場面を収め、それから、その融けてしまった雪だるまのほうにカメラを向けました。それは黒い帽子と、床の上に広がったコップ1杯程度の水でしかありませんでした。

結局それらは、まったくプロフェッショナルというわけにはいかなかったけれど、誰でもはじめはそんなものでしょう。

あなたは、映画づくりにあこがれていますか？ たぶん、あなたのデジタル・カメラには、映画モードの機能がついているはずです。さてわたしたちは、ちょっとした恐怖映画を作りたいとします。たとえば、巨大な犬が小さな村を襲うという筋書きで。

どんな小道具が必要でしょう？　どうしても必要なのは、村人を演じる小さな人々です。誰でも、バービーやケンの人形をどこか屋根裏の箱の中に持っているのではありませんか？　バービーで遊んだのはもう、過去のことでしょうが、その人形たちは、映画作りの練習をしたい人たちにとっては、とても役に立つのです。あなたがカメラの背後で、彼らのせりふを言ってあげている限り、バービーたちは、カメラの前でりっぱな俳優たちとなります。

その他に、何が必要でしょうか？　あなたの犬のスパーキーが、役に立ちます！

さて、スパーキーが巨大な犬の役で、バービーとケンが村人の役をすることが、決定しました。‘50 フィートの巨大犬による攻撃’ という題名にしましょう。

でも、バービーとケンに比較して、スパーキーが 50 フィートに見えるかどうか、確信がもてません。たぶんこれが、ベストなタイトルではないかもしれません。それでは、‘10 フィートの巨大犬による攻撃’ あるいは、‘100 フィートの巨大犬による攻撃’ に変えたほうがいいでしょうか？　映画の中で、バービーやケンたちの村人のサイズに対して、スパーキーは、いったいどのぐらいの高さに見えるのでしょう？

ここで、落ち着いてわたしたちの考えを整理してみましょう。

- ケンの実際の身長は、約1フートである。
- スパーキーの実際の高さは、3フィートである。(かれは、グレート・デーン種の大型犬なのです。)
- ケンは、映画では約6フィートの身長とみなされるべきである。なぜなら、彼が実際の人間であれば、そのぐらいの身長のはずだから。
- オーケー。もし、ケンが映画の中で6フィートに見えるとすると、スパーキーは何フィートに見えるでしょう?

これは、比例を使うべき場面です。

ケンの比(分数)　　　　スパーキーの比(分数)

$$\frac{\text{実際の身長}}{\text{映画の身長}} = \frac{\text{実際の身長}}{\text{映画の身長}}$$

わたしたちは、これを二つの分数の等式として表すことができます。

ケン　　　　スパーキー

実物 →　　　← 実物

映画での表現 →　　　← 映画での表現

$$\frac{1\text{フート}}{6\text{フィート}} = \frac{3\text{フィート}}{?}$$

左辺の分数では、ケンの情報が代入されています。実物は1フートの高さでも、映画の中では人間として登場するので、6フィートに見えるはずです。

右辺では、スパーキーのデータが入っていて、実物は、3フィートです。"?"のところに、スパーキーが映画の中で、どれだけの大きさに見えるかを代入すると、完成するのです。ではどうやって、その未知数をみつけたらいいでしょう？

そうです、これは比例式なので、分数の上と下の数の関係が、それぞれの分数でまったく同じにならなければなりません。ケンの場合、下の数がちょうど上の数の 6 倍になっています。これは、スパーキーにとっても同じ関係でなければならないので、3 フィートの 6 倍を求めればいいわけです。それは、3 フィート × 6＝18 フィートです。

$$\underset{\text{ケン}}{\frac{1\text{ フィート}}{6\text{ フィート}}} = \underset{\text{スパーキー}}{\frac{3\text{ フィート}}{18\text{ フィート}}}$$

わたしたちは、ほとんど完成までできました。計算を終了する前に、たすきがけを使って、正しい比例式かどうか確かめましょう。

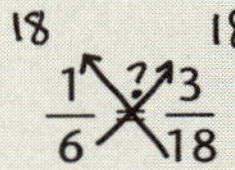

$$\frac{1}{6} \overset{?}{=} \frac{3}{18} \quad (18,\ 18)$$

はい、6×3＝18 と 18×1＝18 から、たすきがけが一致することがわかったので、わたしたちは正しいスパーキーの‘映画の中でのサイズ’を見つけたことになります。

この比例式は、スパーキーは、映画の中では 18 フィートの高さに見えるということを、教えてくれています。

というわけでたぶん、‘20 フィートの巨大犬の攻撃’ というタイトルが適当かもしれません。映画作りでは、少しおおげさに言っても許されるので。

この例で見たように、ときには、比例式での未知数を単に、どんな整数を掛けたり割ったりすると他の数が得られるのか、関係がみつかれば解けることがあります。でも、他の場合でみるように、この方法がいつも有効というわけではありません。それには、他のやり方があるのです！（個人的にいうと、その別の方法のほうが、どんな未知数問題にも応用できるので、わたしは好きです。）

## たすきがけ乗法を使って未知数を求める方法

もし、次のような比例式を解かなければならないとしたら、どうしたらいいでしょう？

$$\frac{4\ \text{フィート}}{6\ \text{フィート}} = \frac{10\ \text{フィート}}{?\ \text{フィート}}$$

あなたは、心の中で独り言を言うかもしれません。「4 に何を掛けたら 10 になる？　それがどんな数だとしても、それを 6 に掛けたら、それが答え。」でもこの場合、その数自体が分数になるのです。ややこしい？

あなたは、その分数がいったい何なのかをつきとめることもできるけれど、たすきがけ乗法を使って、未知数を求めることもできるのです。数の一つが“？”であったとしても気にせずに、ななめ方向に数同士を掛け合わせてその積が等しいという等式を立ててみましょう。“？”は、そのまま残しておきましょう。

4×?　　60

$$\frac{4}{6} = \frac{10}{?}$$

わたしたちは、比例式においては、どんなたすきがけの積同士も等しくなることを知っているので、“？”の部分が何であるか、探せばいいのです。もし、そのたすきがけの掛け算同士が等しければ、

$$4 \times ? = 60$$

が、成り立つはずです。さぁ、あなたはどうやって“？”を探し出せばよいか、わかりますか？　何を 4 に掛けると、60 になるかがわかればいいのです。これは、掛け算の逆をしていることになりませんか？　そうです。割り算をすればいいのです。$60 \div 4 = 15$。そして、今やわたしたちは、その未知数を発見したことになります。なぜかというと、もし $60 \div 4 = 15$ であれば、$4 \times 15 = 60$ だからです。

さぁ、“？”のところに 15 を代入して、たすきがけの掛け算をして、答えが正しいか確かめましょう。

$$\frac{4}{6} \overset{?}{=} \frac{10}{15}$$

60　60

つまり、$6 \times 10 = 60$ と $15 \times 4 = 60$ で、二つの積が一致するので、15 は正しい答えです。

もう一つ、別の例を解いてみましょう。

次の比例式における未知数を求めてみましょう。

$$\frac{4}{5} = \frac{?}{30}$$

ただし今回は、“？”のかわりに、この未知数を $m$（未知数の $m$）と呼ぶことにします。さて、たすきがけの掛け算がどうなるか、みてみましょう。そして、その二つの積が等しいという式を立てましょう。なぜかというと、たとえ $m$ が何であるかまだわからないとしても、比例式ではいつも、斜め同士の積は等しい値を持つからです。

120　$5 \times m$

$$\frac{4}{5} = \frac{m}{30}$$

もし、たすきがけの掛け算同士が同じ積を持つならば、

$$120 = 5 \times m$$

が成り立つはずです。未知数 $m$ は、いくらになるでしょう？ それは、120 を 5 で割ればいいのです。そこで、$120 \div 5 = 24$ から、$m = 24$ とでました。

答えが本当に正しいか、比例式に代入しなおして比較してみましょう。

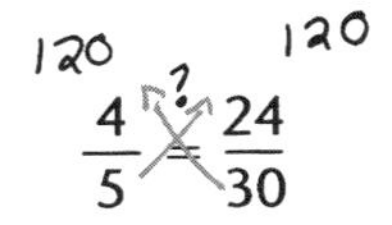


斜めの掛け算は、120 = 120 とでたので、わたしたちは、正しい答え、$m = 24$ を得たことになります。

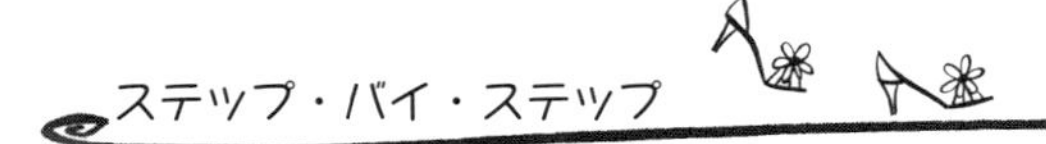


比例式：たすきがけを使って、未知数を求める方法

ステップ **1.** 未知数を $m$ とおいて、二つの分数の斜め同士の積を求めましょう。

ステップ **2.** 二つの積を等号でむすび、実際の数がわかっているほうは、掛け算を実行して値を求める。

ステップ **3.** 割り算を使って、未知数が何であるか求める。

ステップ **4.** 一旦、$m$ が何かわかったら、元の比例式に代入して、実際に斜めの積同士が同じ値になることを確かめる。それらが等しければ、それで終了。あなたは、二つの分数が比例するような $m$ をみつけたことになります。

## ‘もし、…だとしたら’ゲーム

上記のステップ2について、多くの生徒から、「でもどうやって、そのたすきがけの掛け算同士の積が等しいとわかるのですか？　どうしてまだわからないのに、等しいとできるのでしょう？」と質問を受けます。

これは良い質問です。そして、それに対する答えというのは、「わたしたちは、‘もし、…だとしたら’ゲームをやっているのと同じなのです。もし、たすきがけの積同士が等しいとしたら、$m$はどんな数になるべきでしょう？」

わたしたちが、“まるで”たすきがけの積同士が等しいというふうな演技をするときは、前もってそれらがお互いに等しいとしてしまって、それから、‘もし、…だとしたら’が本当に正しかったとすると、$m$はどんな値になるかを探し出すのです。

次の比例式における未知数をみつけなさい。

$$\frac{12}{3}=\frac{m}{12}$$

ステップ **1.** 二つの斜めがけ掛け算をみつけます。

144　　　$3\times m$

$$\frac{12}{3}\times\frac{m}{12}$$

ステップ **2.** 二つの斜めがけの掛け算の積が等しいと、仮定する。ここでわたしたちは、‘もし、…だとしたら’ゲームをしていることに注意しましょう。‘もし、二つの分数が比例しているとしたら’どうなるでしょう？ ‘もし、たすきがけの掛け算の積が等しいとしたら’どうなるでしょう？ そうしたら、‘もし、…だとしたら’が、すべて正しくなるためには、$m$ は、どんな値になるべきでしょう？

$$144 = 3 \times m$$

ステップ **3.** つまり、3 に何を掛けたら 144 になるでしょう？ さぁ、$144 \div 3$ を実行して、答えを探しましょう。$144 \div 3 = 48$ という計算は、$3 \times 48 = 144$ から、正しい答えとわかるので、$m = 48$ が得られます。

ステップ **4.** さぁ、はじめの式に代入して、正しい $m$ が得られたか確認しましょう。

144　?　144

$$\frac{12}{3} = \frac{48}{12}$$

はい、$144 = 144$ なので、‘もし、…だとしたら’が、すべて正しくなるような $m$ をみつけることができたのです。答え：$m = 48$。

**みんなの意見**

「わたしが思うに、女の子たちはときどき男の子の前で、わざと頭の悪いふりをすると思います。(実際、わたしは、自分でもそうしたことがあるけれど、そうしたことを恥ずかしいと思っています。) なぜかというと、金髪の頭の弱い女の子というのは、もてるからです。だけどそれは、長続きはしません。彼はそのうち、興味を失ってしまうからです。わたしの教訓は、あなたがもし本当に男の子に気に入られたいと思ったら、──本当に心の底からあなたのことが好きという、男の子を見つけたいと思っているなら──あなたの馬鹿な部分を好きになって欲しいとは思わないでしょう? あなたは彼に、あなたの一番素晴らしい部分を好きになって欲しいでしょう? あなたの頭の良いところを好きになって欲しいはずです。」マディー(12 歳)

## 練習問題

次の比例式が正しくなるように、未知数を決めて下さい。はじめの問題は、わたしがしてみせましょう。

1. $\frac{7}{4} = \frac{14}{m}$

解:まず、たすきがけの掛け算をみつけましょう。

$7 \times m$　　$56$

$$\frac{7}{4} = \frac{14}{m}$$

次に、二つの掛け算の積が等しいと仮定しましょう。言い換えると、‘もし、その二つの積が等しかったら’ どうなるでしょう？ $7 \times m = 56$ が成り立つはずです。そのときの $m$ は、何でしょう？ $7 \times 8 = 56$ なので(あるいは、実際にステップ3を実行して、$56 \div 7 = 8$ から)、$m = 8$ とわかります。わたしたちの答えが正しいか確かめるためには、新しく求めた比例式のたすきがけの掛け算を比較すれば良いのです。

$$\frac{7}{4} \overset{?}{=} \frac{14}{8}$$

56　56

$7 \times 8 = 56$ と $4 \times 14 = 56$ で、それらの積が一致するので、わたしたちの答えは正しかったことがわかります。

答え：$m = 8$

2. $\frac{8}{3} = \frac{m}{9}$
3. $\frac{8}{6} = \frac{m}{9}$
4. $\frac{1}{2} = \frac{10}{m}$

## 比例式を使って文章題を解く

わたしは、自分の体を健康で良い状態に保つことを心がけています。それは、体の内部と外部と両方です。そして、水をたくさん飲んだほうが肌の調子がいいことに気がつきました。冗談ではなくて、本当の話です。

たとえばわたしは、2 マイル走るごとに 1.2 リットルの水を飲まないと、脱水症状を起こしてしまいます。では 2.5 マイル走るには、どれだけ水を飲めばいいのでしょう？

比例の言葉を使うと、わたしたちの問題は、‘2 マイルに対して 1.2 リットルの水が対応するとすると、2.5 マイルでは、どれだけの水が対応しますか？’となります。そこで、わたしたちの比例式は、

$$\frac{\text{マイル数}}{\text{水の量、リットル}} = \frac{\text{マイル数}}{\text{水の量、リットル}}$$

のようになります。さて、わたしたちのわかっている数字を代入して、わからないところは $m$ としましょう。

$$\frac{2\text{ マイル}}{1.2\text{ リットル}} = \frac{2.5\text{ マイル}}{m\text{ リットル}}$$

次に、上記のように、たすきがけの掛け算の積をみつけて、それらが等しいと仮定しましょう。

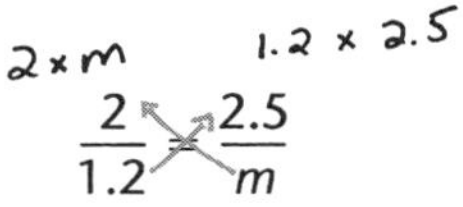

2×m　　1.2×2.5

$$\frac{2}{1.2} = \frac{2.5}{m}$$

積同士が等しいとすると、

$$2 \times m = 1.2 \times 2.5$$

が成り立ちます。

$1.2 \times 2.5 = 3$（小数の掛け算は、基本のおさらい篇 190 ページで復習できます。）なので、この等式は、

$$2 \times m = 3$$

と同じです。ウーム。どうやって $m$ を見つけたらいいでしょう？ 以前にしたのと同じで、大きい数を小さい数で割ると、掛け算の記号の後ろに来る数が何であるか計算できます。さて、3÷2 は何でしょう？

これは、それほど難しくはありません。3÷2＝1.5 なので、$m = 1.5$ リットルが求められました。（小数点が出てくる割り算は、基本のおさらい篇 196 ページを参照しましょう。）さて、わたしたちの答えが条件を満たすのか、確認する必要があります。

$$\overset{3}{\frac{2}{1.2}} \overset{?}{\times} \overset{3}{\frac{2.5}{1.5}}$$

その通り、たすきがけの積が等しいので、わたしたちの $m$ の値は正解です。（そしてこの答えは、つじつまが合っています。2 マイルよりもちょっと余計に走るので、1.2 リットルより少し余計に水が必要になるというわけです。）答え：1.5 リットル。

**ここがポイント！**　比例式では、二つの分数で、単位が右と左で鏡映しのように揃っていることが大切です。たとえば上記の例を使うと、もしわたしたちが、2 マイルごとに 1.2 リットルの水を飲むとすると、2.5 キロメートルでは、どれだけの水が必要になるかと

いう問題だったと仮定すると、マイルをキロメートルに直すか、またはその反対の変換をして、単位がまったく同じになるようにしなければなりません。

## ステップ・バイ・ステップ

文章題での比例式の扱い方

ステップ **1.** まず、“これに対してあれであるように、これに対してあれである”という文章に置き換えて、比例式をどう設定するのかを、わかりやすくする。次に、比例式を言葉を用いて書き出してみる。$\frac{\text{これ}}{\text{あれ}} = \frac{\text{これ}}{\text{あれ}}$。もちろん、実際の問題では、その文章題に適した言葉が入る。

ステップ **2.** わかっている数をあてはめ、わからない数は $m$ とする。$m$ にも単位をつけることを忘れないこと。

ステップ **3.** 左辺と右辺の二つの分数で、お互いの単位が、‘鏡に映ったように’一致していることを確認する。

ステップ **4.** たすきがけの積をみつけ、それらがお互いに等しいと仮定する。未知数は、$m$ のままである。

ステップ **5.** 等式の両辺のうちで、二数がわかっている側の値を掛け算をして求める。次に割り算をして、$m$ を求める。

ステップ **6.** 求めた $m$ をはじめの比例式に代入し、たすきがけの積同士が等しいことを確認して、終了。

## レッツスタート! ステップ・バイ・ステップ実践

わたしたちの友だちにクッキーを、作ってあげたいと思います。ネットでみつけたピーナツ・バター・クッキーのレシピによると、2カップの小麦粉で、3ダースのクッキーができると書いてあります。では、小麦粉が、$1\frac{1}{2}$カップしかなかったとしたら、どうなるでしょう? 他の材料はすべて十分揃っているとすると、何枚のクッキーが焼けるでしょう?

ステップ **1** とステップ **2.** 比例の関係を言葉で書き表す。“2カップの小麦粉で、3ダースのクッキーができるとすると、$1\frac{1}{2}$カップの小麦粉では何枚のクッキーができる?” わたしたちは、所定の小麦粉では何枚のクッキーができるか、割り出そうとしています。未知数には、$m$ を使うことにすると、

$$\frac{\text{小麦粉のカップ数}}{\text{クッキーの枚数}} = \frac{\text{小麦粉のカップ数}}{\text{クッキーの枚数}}$$

$$\rightarrow \quad \frac{2\,\text{カップ}}{3\,\text{ダースのクッキー}} = \frac{1\frac{1}{2}\,\text{カップ}}{m\,\text{枚のクッキー}}$$

となります。

ステップ **3.** 左辺と右辺で、単位が揃うようにしましょう。それらは同じように見えますが、実際は、まったく同じではありません。分母を見て下さい。左辺は 3 ダースと言っているのに、右辺は枚数で表しています。わたしたちは、どちらか一方の単位を選んで、それに統一する必要があります。3 ダースのクッキーを、36 枚のクッキーに直しましょう。(あなたも知ってのとおり、1 ダースのクッキーは 12 枚にあたるので、3 ダースでは、36 枚のクッキーというわけです。)

$$\frac{2\,\text{カップ}}{36\,\text{枚のクッキー}} = \frac{1\frac{1}{2}\,\text{カップ}}{m\,\text{枚のクッキー}}$$

ステップ **4.** たすきがけの積を求めて、それらが等しいと仮定する準備ができました。

$2 \times m$　　$36 \times 1\frac{1}{2}$

$$\frac{2}{36} = \frac{1\frac{1}{2}}{m}$$

$2 \times m = 36 \times 1\frac{1}{2}$ を満たす $m$ をみつけるのが、わたしたちの仕事です。

ステップ **5.** 積 $36 \times 1\frac{1}{2}$ を求める。帯分数の掛け算では、基本のおさらい篇 78 ページでみたように、まず、それを仮分数に直す必要があります。MAD 方式を使って、$1\frac{1}{2} = \frac{3}{2}$ がわかります。つまり、$36 \times 1\frac{1}{2}$ は $36 \times \frac{3}{2}$ と同じことです。掛け算をして $\frac{36}{1} \times \frac{3}{2} = \frac{108}{2}$、約

分すると $\frac{108 \div 2}{2 \div 2}$、その答えは 54 とでます。

まだ終わったわけではありません。これは、たすきがけの積 $36 \times 1\frac{1}{2}$ を計算して、答えが 54 になるとつきとめたところです。次に、これらの積同士がお互いに等しくなるためには、$m$ がどんな数でなければならないか、求める必要があります。

$$2 \times m = 54$$

を満たすためには、$m$ は、2 倍されて 54 になる数でなければなりません。さて、$54 \div 2 = 27$ であることから、$2 \times 27 = 54$ であることはわかっています。あぁ、それでは、$m$ は 27 に違いありません。たすきがけの積をやり直して、わたしたちの予想が正しいことを確かめましょう。

54　　54

?

$$\frac{2}{36} = \frac{1\frac{1}{2}}{27}$$

その通り。両方の積が 54 になるので、わたしたちは、正しい $m$ の値をつきとめたことになります。つまり、$m = 27$ です。というわけで、わたしたちはもし、2 カップの小麦粉で 36 枚のクッキーができるのであれば、$1\frac{1}{2}$ カップの小麦粉では 27 枚のクッキーができるという知識を得ました。けっこう、たくさんのクッキーができるものです！

**要注意！**　あなたが $m$ の値を求めるとき、必ずしも大きな数を小さな数で割るわけではないということに、気をつけてください。そうではなくて、いつも一つだけ孤立している数が、割られる数になるのです。たとえそれが、小さいほうの数だとしてもです。たとえば $4 \times m = 12$ のような等式では、$12 \div 4 = 3$ から、$m = 3$ と解くことができます。

ところが、こういう場合はどうでしょう？ $4 \times m = 0.12$。

この問題の場合は、どうやって $m$ を求めるか、必ずしも明らかではないかもしれませんが、この場合も、孤立している数 0.12 を 4 で割らなければならないのです。

$$0.12 \div 4 = 0.03.$$

そして、$m = 0.03$ となるのです。（ここでわたしは、小数の割り算を使いました。）そして、いつも $m$ を求めた後の検算を忘れないでください。そうすることで、もし間違いがあればそこで見つけて、訂正できるからです。

## 練習問題

比例式を使って、次の文章題を解きましょう。はじめの問題は、わたしがしてみせましょう。

1. 口紅が 4 本で 18 ドルだとしたら、5 本ではいくらになるでしょう？

解：まず、自分自身に向かって、“4 本で 18 ドルならば、5 本ではいくら？” と言ってから、比例式を言葉で表します。

$$\frac{\text{口紅の本数}}{\text{価格のドル}} = \frac{\text{口紅の本数}}{\text{価格のドル}}$$

それから、既知の情報を代入します。$\frac{4\text{ 本の口紅}}{18\text{ ドル}} = \frac{5\text{ 本の口紅}}{m\text{ ドル}}$。

$$\overset{4\times m}{} \quad \overset{90}{} \qquad \frac{4}{18} = \frac{5}{m}$$

たすきがけの積同士が等しいと仮定する。$4 \times m = 90$ とすると、$m$ はなんでしょう？ $90 \div 4 = 22.50$ なので、$m = 22.50$(ドル)でしょう。そこで、上記の式に $m$ を代入して検算します。

$$\overset{90}{} \quad \overset{90}{} \qquad \frac{4}{18} \overset{?}{=} \frac{5}{22.50}$$

あたり！ たすきがけの積同士が等しい(両方とも 90 になる)ので、わたしたちのみつけた $m$ は、正しい値でした。

答え：5 本の口紅は 22.50 ドル(22 ドル 50 セント)します。

2. 友達の家に遊びに行く前に、本を読む宿題を終わらせるように、お母さんに言われました。あなたは、30 分でちょうど 36 ページ読み終わったところです。あと 15 ページ残っています。それを読み終えるのに、どれだけかかるでしょう？

3. あなたは、標準で 6 カップの小麦粉と小さじ $\frac{3}{4}$ の塩を使ったレシピを使いたいと思っています。もしあなたが、2 カップの小麦粉しかなかったとすると、そのレシピの割合でいうと、小さじでどれだけの塩を使えばいいでしょう？(答えは、分数で表すこと。なぜなら、小さじの測り方は、いつも分数を使って表されるからです。)

4. あなたは友人の家族旅行中、子犬を一週間預かることになりました。あなたは自分自身で 3 匹の子犬を飼っていて、ドッグフードは、一週間で $\frac{3}{4}$ 袋消費されます。さぁ、あなたは今、合わせて 5 匹の子犬の世話をしています。何袋のドッグフードがその週に、消費されることになるでしょう？

ダニカの日記から・・・ネットショッピングで冒険

去年のクリスマスのこと、わたしは友達のローリーに、ティファニーのウェブサイトにでていた、きれいな銀のメッシュリングを買ってプレゼントしようと思いました。しかしネットでは、そのメッシュリングの'幅'がどれだけあるのかわかりませんでした。わたしの友達は、とてもデリケートな指をしているので、その指輪が彼女の指に比べて、あまりに幅が広すぎる印象を与えないようにしたかったのです。

そこでわたしは、ネットのお問い合わせ先の情報を見て、カスタマーサービスに電話しました。すると、とても感じのいい人が電話口にでて、その指輪の幅は 0.344 インチであると教えてくれました。わたしはその人に礼を述べて、電話を切りました。

それから定規を持ってきて、そのサイズがわたしの指に比べてどのぐらいになるのか、比較してみようと思いました。ところがわたしは、その定規は $\frac{1}{16}$ インチずつしかメモリがふられていないことに気がついてしまったのです。

小数を分数に直して比例式を使ったあと、何とかわたしは、0.344 インチが $\frac{344}{1000}$ インチで、それはおよそ $\frac{5.5}{16}$ インチであることをつきとめました。その結果、$\frac{1}{16}$ インチのメモリを、約 5 と $\frac{1}{2}$ だけ測って印をつけ、それをわたしの指と比べてみました。わたしは、その指輪が彼女の指にふさわしいと、結論できました。

わたしは、その日のうちにその指輪を注文し、それを二、三週間後に彼女にプレゼントしました。彼女は、それをとても気に入ってくれました。

## この章のおさらい

- 比例式では、たすきがけの掛け算の積は、常に一致する。

- ある比例式においての未知数を求めるためには、たすきがけの掛け算の積が等しいと“仮定して”、その等式が成り立つために必要な数を探せばよい。それは、ちょうど、‘もし、…だとしたら’というゲームをしているのと同じである。つまり、‘もし、二つの分数が比例するとしたら’という設定である。そのとき、どんな $m$ がその設定を正しくしてくれるでしょう？

- 比例の問題を解くときには、その二つの分数に使われている単位が、分子同士、分母同士で、お互いに鏡で映したようにまったく同じであることを、確かめておくことを忘れてはいけません。もし違うようであれば、単位の変換を使って変換してから、通常のやり方で解きましょう。(次の章で、単位の変換について、もっと詳しく勉強していくことにしましょう。)

# 単位の変換

水は、難しい議論ぬきで、あなたの飲み物の中で一番良いものです。一つ前の章で述べたように、肌にとてもいいし、それだけでなく、あなたのエネルギーや免疫を強くするのにも効果があります。他にもあげたら、切りがないくらいです。反対にわたしは、ソーダ類を飲むのはやめたほうがいいと、強く信じています。特に、ダイエット・ソーダ類はお奨めしません。ダイエット・ソーダを飲むと、脂っこいものが食べたくなると聞くし、実際、「いくつかの研究結果として、人工甘味料は、油の消費量を促すという報告がされています。」(“人工甘味料は、体重をコントロールして、肥満を防ぐことができるだろうか？” デイビット・ベントン著、栄養研究レヴュー第18巻第1号(2005年6月号)の63-76ページに載った記事に基づく。栄養学士のナンシー・パトーレルの資料提供に、感謝します。) 何てこった！

とにかく研究者たちによると、健康な体を保つためには、わたしたちの体重(ポンドを単位にして表す)の半分と同じ量の水を、オンス単位で飲むべきだと主張しています。つまり、110ポンド(およそ50キログラム)の体重がある人は、一日55オンスの水を飲むようにというわけです。（もちろん、急激な食物の変化の前には、医者への相談が必要です。）

個人的には、ヨーロッパ系の水のボトルが好きなのですが、それらは普通、リットルかセンチリットルで量が表示してあります。そうすると、55オンスは何リットルになるのでしょう？

たとえば、何オンスで1リットルになるのかがわかると、役に立つでしょう。ネット上には、数え切れないほどの単位の換算一覧表があって（“単位の換算”で検索可能）、それを使うと、1リットル≈33.8オンスとわかるはずです。（記号≈は、“だいたい等しい”という意味です。あなたの使っている教科書では、この単位の変換に対して、違う数値が使われているかもしれません。）

でも、それからどうすればいいのでしょう？ ここから55オンスがどのぐらいなのか、どうやったらわかるのでしょう？

わたしが見つけたもっともやさしい、ある単位から他の単位への換算法は、その便利な**単位分数**と呼ばれるものを使うことです。単位分数は、この単位換算を本当に楽にしてくれるのです。しかも違う単位が用いられるところ、どこにでも有効なのです。

上記の場合には、単位分数として、$\frac{1\text{リットル}}{33.8\text{オンス}}$を使うことができます。そして、それをわたしたちが換算したいと思っている55オンスに掛ければよいのです。

わたしたちの単位分数は、二つの違った数値と上と下に持っていて、しかも、その二つは違う単位を使っています。しかし、分子と分母で表現されている水の量は、まったく同じなのです。なぜなら、1リットル≈33.8オンスだったからです。

この分子と分母が同じ分数というのは、どこかで聞いたような気がしませんか？　その通り！　分数の上下が等しい場合は、その分数自身、1に等しいのです。そして、1を掛けても、掛けられたものの値はまったく変化しないということも勉強しました。

だからわたしたちが、55オンスにその単位分数を掛けることによって、水の量は変化させずに、単位だけを変換できるのです。（ここでは、一度に少しずつ説明していきますが、実際には、すばやくできてしまう過程です。すぐにわかってもらえるはずです。）

$$55\text{オンス}\times\frac{1\text{リットル}}{33.8\text{オンス}}$$

以前に学んだように、分数の掛け算をする前に、整数（55オンス）は、1を分母に持つ分数に直すとよいでしょう。そしてそのあとは、普通の分数の掛け算のように、分子同士、分母同士を掛け合わせればよいのです。

$$\frac{55\text{オンス}}{1}\times\frac{1\text{リットル}}{33.8\text{オンス}}=\frac{55\text{オンス}\times 1\text{リットル}}{1\times 33.8\text{オンス}}$$

そして、上と下に出てくる同じ単位を消去することができます。

$$\frac{55\text{オンス}\times 1\text{リットル}}{1\times 33.8\text{オンス}}=\frac{55\,\cancel{\text{オンス}}\times 1\text{リットル}}{1\times 33.8\,\cancel{\text{オンス}}}$$

$$= \frac{55 \times 1\,\text{リットル}}{1 \times 33.8} = \frac{55}{33.8}\,\text{リットル}$$

分数は、割り算の仮の姿だということを思い出してください。そこで、分子を分母で割ることができます。

$$= 55 \div 33.8\,\text{リットル} \approx 1.63\,\text{リットル}$$

わぉ！　一日、$1\frac{1}{2}$ リットル以上の水にあたるのです。

ここで、復習です。ある分数の上と下が違う数と、違う単位を持つものの、上と下の量はまったく同じものを指しているとき、それは、単位分数と呼ばれるものです。そして単位分数では、その使われている“単位”たちが、数値と同じように大切なのです。

### この言葉の意味は？・・・単位分数

単位分数は、値が 1 に等しい分数です。そして、その上と下に違う数値と違う単位を持ちます。たとえば、$\frac{12\,\text{インチ}}{1\,\text{フート}}$ や $\frac{1\,\text{フート}}{12\,\text{インチ}}$ などです。（ところで、分数、$\frac{12\,\text{インチ}}{1\,\text{フート}}$ や $\frac{60\,\text{秒}}{1\,\text{分}}$ などは、もし単位がついていないと、$\frac{12}{1} \neq 1$ や $\frac{60}{1} \neq 1$ が 1 とは等しくないので、単位分数とは呼べなくなってしまいます。と、いうわけで、単位の換算をするときは、くれぐれも単位のつけ忘れに注意しましょう。）

ここがポイント！　あなたは「いつ $\frac{12\text{ インチ}}{1\text{ フート}}$ を使って、いつ、$\frac{1\text{ フート}}{12\text{ インチ}}$ を使えばいいのですか？」という疑問をいだいているかもしれません。それは、とても良い質問です。それは、どちらをどちらの単位に変換したいかによります。

たとえばあなたは、432 インチをフィート（フィートは、フートの複数形）に直したいとします。これは簡単です。ただ 12 で割ればいいのです。そして、単位分数を使うときには、$\frac{432\text{ インチ}}{1} \times \frac{1\text{ フート}}{12\text{ インチ}}$ とすればよいのです。なぜかというと、あなたはインチをフィートに直したいのですから、インチを消去して、フィートを残すほうの単位分数を使いたいわけです。

そしてたぶん、あなたは、なぜ 432 インチの下に 1 を持ってくるのか、気がついたかもしれません。そうすることで、どれとどれが消去しあうのかはっきり区別するためです。

たとえばあなたが、$\frac{432\text{ インチ}}{1} \times \frac{12\text{ インチ}}{1\text{ フート}}$ を仮に選んだとすると、インチ同士が消去されることはありません。これは、間違い。

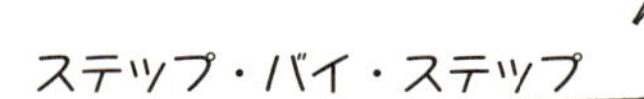

## ステップ・バイ・ステップ

単位分数を使って、単位を換算する。

ステップ **1.** あなたが使いたい単位分数を作るために、

換算式を等式で表す。(たとえば、12インチ＝1フート のように。)

ステップ**2.** あなたが換算しようとしている量を単位をつけたまま、1を分母に持つ分数に直す。(上記でみた、$\frac{432\text{インチ}}{1}$のように。)

ステップ**3.** あなたが換算しようとしている単位と同じ単位を分母に持つような単位分数を作る。

ステップ**4.** 二つの分数を並べて掛け、上下にある同じ単位を消去し、それから割り算をして、最終的な答えを出す。

## スタート！(レッツ) ステップ・バイ・ステップ実践

あなたの親友がちょうど、乳がんの研究資金集めを応援するマラソンのイベントで5キロメートルを走り終えたところです。さて、マイルでいうと、どのぐらい走ったことになるでしょう？

ステップ**1.** まず、単位分数を作るために、換算の等式を書き出しましょう。1マイル≈1.61キロメートル。(この換算は、ネットか164ページを参照。)

ステップ**2.** その距離5kmを単位をつけたまま、分数になおす：$\frac{5\,\text{km}}{1}$。

ステップ **3.** わたしたちは、キロメートルをマイルに直したいので、キロメートルは消去したい。したがって、わたしたちの単位分数は、km が下に来て欲しいので、$\frac{1\text{マイル}}{1.61\text{ km}}$。

ステップ **4.** はじめの分数と、今作った単位分数を掛けて、km は消去する。(ちょうど公約数の約分のように、消去しあうものが上と下にあることを確認しましょう。)

$$\frac{5\text{ km}}{1}\times\frac{1\text{マイル}}{1.61\text{ km}}=\frac{5\,\cancel{\text{km}}\times 1\text{マイル}}{1\times 1.61\,\cancel{\text{km}}}$$
$$=\frac{5\times 1\text{マイル}}{1\times 1.61}=\frac{5\text{マイル}}{1.61}$$

分数は、割り算の一種であることを思い出し、上の数を下の数で割ると、間違えることはありません。つまり、5 割る 1.61 ≈ 3.11 がわかりました。

答え：彼女は、約 3.11 マイル走ったことになる。

ここがポイント！　ある数に 1 を掛けても、その積は、元の数の値を変えないということを覚えていますか？　このために、単位分数をかけても、その値は変わらないのです。どの単位分数も、その値は 1 に等しいのです。

## テイク ツー！ 別の例でためしてみよう！

1カップは8オンスに等しく、2カップは470ミリリットルです。では、10オンスは何ミリリットルでしょう？ウーム、これは少し手ごわいようです。わたしたちは、オンスからカップに直し、それをミリリットルに変換する必要があるようです。この問題には、二つの単位分数が必要になりそうです。

ステップ**1.** 単位分数をつくるための等式を書き出します。8オンス ＝ 1カップ、2カップ ＝ 470 ミリリットル。

ステップ**2.** つぎに、10オンスを分数に直す：$\frac{10}{1}$。これを、わたしたちは換算したいのです。

ステップ**3.** わたしたちは、オンスを消去したい(わたしたちは、10オンスをミリリットルに換算したい)ので、わたしたちの単位分数は、分母にオンスを持つ、$\frac{1\,\text{カップ}}{8\,\text{オンス}}$ になる。そしてわたしたちは、最後にはミリリットルに換算したいので、カップも消去したいのです。だから、次の単位分数は

$$\frac{470\ \text{ミリリットル}}{2\ \text{カップ}}$$

となる。

ステップ **4.** さて、すべてを並べて…

$$\frac{10\text{オンス}}{1}\times\frac{1\text{カップ}}{8\text{オンス}}\times\frac{470\text{ミリリットル}}{2\text{カップ}}$$

…そして、単位を消去する。(消去するのは、楽しいと思いませんか？)

$$=\frac{10\text{オンス}}{1}\times\frac{1\text{カップ}}{8\text{オンス}}\times\frac{470\text{ミリリットル}}{2\text{カップ}}$$

$$=\frac{10\,\cancel{\text{オンス}}\times 1\,\cancel{\text{カップ}}\times 470\text{ミリリットル}}{1\times 8\,\cancel{\text{オンス}}\times 2\,\cancel{\text{カップ}}}$$

$$=\frac{10\times 1\times 470\text{ミリリットル}}{1\times 8\times 2}=\frac{4700\text{ミリリットル}}{16}$$

最後に、分子を分母で割る(小数で答えを出すため)：293.75 ml(ミリリットル)

注意：あなたは、この問題を二段階に分けて求めることもできます。つまり、まずオンスからカップに直して答えを求めたあと、カップからミリリットルに換算して、最終的な答えを出す。しかしここでは、一度に一つより多くの単位分数が使えることを示したかったのです。単位分数を掛けることは、単位を変換しているだけで、元の量自体を変化させているわけではありません。したがって、何回でも使いたいだけ単位分数を掛けることができて、しかも量自体は、そのままなのです。消去しようとしている単位を間違いなくたどって、正しい換算を行ないましょう。

## 重宝な単位分数表

以前にも話したように、単位同士の変換を示す表は、ネットに山ほどあります。しかし、あなたがよく見かける単位の短い表をここに挙げておきます。ここに挙げたどの分数の値も、1に等しいことを忘れないでください。

12インチ＝1フート：　$\frac{12\ \text{インチ}}{1\ \text{フート}}$ あるいは $\frac{1\ \text{フート}}{12\ \text{インチ}}$

3フィート＝1ヤード：　$\frac{3\ \text{フィート}}{1\ \text{ヤード}}$ あるいは $\frac{1\ \text{ヤード}}{3\ \text{フィート}}$

1メートル＝100 cm　：　$\frac{1\,\text{m}}{100\,\text{cm}}$ あるいは $\frac{100\,\text{cm}}{1\,\text{m}}$

1インチ＝2.54 cm　：　$\frac{1\ \text{インチ}}{2.54\,\text{cm}}$ あるいは $\frac{2.54\,\text{cm}}{1\ \text{インチ}}$

1マイル ≈ 1.61 km　：　$\frac{1\ \text{マイル}}{1.61\,\text{km}}$ あるいは $\frac{1.61\,\text{km}}{1\ \text{マイル}}$

100セント＝1ドル：　$\frac{100\ \text{セント}}{1\ \text{ドル}}$ あるいは $\frac{1\ \text{ドル}}{100\ \text{セント}}$

60秒＝1分：　$\frac{60\ \text{秒}}{1\ \text{分}}$ あるいは $\frac{1\ \text{分}}{60\ \text{秒}}$

60分＝1時間：　$\frac{60\ \text{分}}{1\ \text{時間}}$ あるいは $\frac{1\ \text{時間}}{60\ \text{分}}$

4クォーツ＝1ガロン：　$\frac{4\ \text{クォーツ}}{1\ \text{ガロン}}$ あるいは $\frac{1\ \text{ガロン}}{4\ \text{クォーツ}}$

2パイント＝1クォート：　$\frac{2\ \text{パイント}}{1\ \text{クォート}}$ あるいは $\frac{1\ \text{クォート}}{2\ \text{パイント}}$

16オンス＝1ポンド：　$\frac{16\ \text{オンス}}{1\ \text{ポンド}}$ あるいは $\frac{1\ \text{ポンド}}{16\ \text{オンス}}$

1フート ≈ 0.305 m　：　$\frac{1\ \text{フート}}{0.305\,\text{m}}$ あるいは $\frac{0.305\,\text{m}}{1\ \text{フート}}$

ここに挙げた変換のいくつかは近似です（表でいうと、≈ の印があるところすべて）。しかしわたしたちは、本当に等しいかのように取り扱います。なぜかというと、それらの近似はほとんど近い値だからです。ただ、あなたが答えに書くときには、近似の記号 ≈ を使って、ここの事情がわかっていることを示しましょう。

芸能界にインタビュー！
「ぼくは、頭のいい女の子と、洋服のブランド名など全く出てこない会話が実際にできることを、こよなく愛しているよ。」ジャスティン・チャンより。ディズニーチャンネルで放映された“カンフー・プリンセス・ウェンディ・ウー”では、ピーター・ウー役で出演。

## 自分独自の単位分数をつくる

上記に示した単位分数表は、便利に使えると思いますが、自分独自の単位分数をつくることもできるのです。分数の上と下の量が同じである限り、その分数の値は1なので、それを何と掛け合わせても、その数の表す量を変化させずに、単位だけ変換することができるのです。

たとえば惑星グラムでは、お金は存在せずクールなものばかりがあったとします。そこであなたは、3つのマスカラが4本のリップ・グロスと同じ価値であることがわかりました。あなたはマスカラの会社を所有していて、あなたの注文したマスカラのうち、126が必要でない、とわかりました。そこで、あなたはその余分なマスカラを全部、交換しようと思います。何本のリップ・グロスと交換できるでしょうか？

この問題を解くには、いろいろな方法がありますが、間違えないように単位分数を使いましょう。

わたしたちの等価式は何でしたか？ それは、‘3つのマスカラ＝4本のリップ・グロス’でした。 そこで、わたしたちの単位分数は、$\dfrac{3\,つのマスカラ}{4\,本のリップ・グロス}$ か、$\dfrac{4\,本のリップ・グロス}{3\,つのマスカラ}$ です。

どちらの単位分数も上下が等しいので、(その結果、これらの単位分数の値は1になる)どちらを使ってもよいことになります。問題は、どちらがわたしたちの状況に役立つかということです。さてわたしたちは、126のマスカラに、何かを掛けてその単位を消したいので、マスカラが分母に来ている単位分数を使うべきでしょう。そして、分数の掛け算のところ(基本のおさらい篇75ページ参照)で学んだように、整数には1を分母として使うことを忘れないでください。

$$126\,マスカラ \times \frac{4\,リップ・グロス}{3\,マスカラ} = ?$$

$$\rightarrow \frac{126\,マスカラ}{1} \times \frac{4\,リップ・グロス}{3\,マスカラ} = ?$$

さぁ、“マスカラ”の単位が消去できたので、残りは通常の計算を進めます。

$$\frac{126\,マスカラ}{1} \times \frac{4\,リップ・グロス}{3\,マスカラ}$$
$$= \frac{126\,\cancel{マスカラ} \times 4\,リップ・グロス}{1 \times 3\,\cancel{マスカラ}}$$
$$= \frac{126 \times 4\,リップ・グロス}{1 \times 3}$$

しかし、掛け算を実行する前に、$1+2+6=9$に気が付くと、126は3を約数に持つことがわかります。そこでまず、126と3の約分を実行します。(約数発見のトリックは、基本のおさらい篇12ページ参照。)

$$\frac{126\times 4\ リップ・グロス}{1\times 3}=\frac{42\times 4\ リップ・グロス}{1\times 1}$$
$$=\frac{168\ リップ・グロス}{1}$$

というわけで、答えは168本のリップ・グロスというわけです。悪くない取引きのようです。

## 練習問題

次の単位を、164ページにある表を参考に、単位分数を導くか、あるいは与えられた情報を元にして、独自の単位分数を作り出して、必要な単位に換算しましょう。はじめの問題は、わたしがしてみせましょう。

1. 4フィートは、何cm(センチメートル)にあたりますか？

解：164ページの表を見ると、2.54 cm ＝ 1インチであることと、12インチ=1フートであることがわかります。そこで、二つの単位分数を使って、フィートからcmに直すことにしましょう。わたしたちはフィートを消したいので、フートが下にくる単位分数 $\frac{12\ インチ}{1\ フート}$ を使いましょう。それから、最後の答えはcmで欲しいので、cmが上に来る単位分数 $\frac{2.54\ \mathrm{cm}}{1\ インチ}$ を使います。さて、4フィートを $\frac{4\ フィート}{1}$ と書き直して、皆いっしょに掛けてしまいましょう。

$$\frac{4\,フィート}{1} \times \frac{12\,インチ}{1\,フート} \times \frac{2.54\,\mathrm{cm}}{1\,インチ}$$

$$= \frac{4\,\cancel{フィート} \times 12\,\cancel{インチ} \times 2.54\,\mathrm{cm}}{1 \times 1\,\cancel{フート} \times 1\,\cancel{インチ}}$$

$$= \frac{4 \times 12 \times 2.54\,\mathrm{cm}}{1} = 121.92\,\mathrm{cm}$$

答え：4 フィート ＝ 121.92 cm

2. 6 マイルは、何 km にあたりますか？

3. 5 フィートは、何 m(メートル)ですか？

4. 3 つのハンドバッグが、10 本のネイル・ポリッシュと交換できるとすると、42 個のハンドバッグは、何本のネイル・ポリッシュと交換できるでしょう？

5. 36 パイントは、何ガロンになりますか？(ヒント：二種類の単位分数を使う。)

## この章のおさらい

- 単位分数は、常に値が 1 になります。
- 単位分数は、あなたを一つの単位から、もう一つ別の単位につれていってくれます。それらは、あなたが換算しようとしている量を変えることなく、どの単位で表現するかだけを変えてくれるのです。
- いつも単位を見比べて、消したい単位が消えるような単位分数を選びましょう。通常、あなたが消したい単位(あなたが換算しようとしている量についている単位)が、その単位分数の分母に来るようにすればいいです。

- 単位分数を使うときは、単位同士は、公約数の約分のように、互いに打ち消しあいます。

## 心理テスト3：あなたの学習スタイルは？

あなたは、だれもが違うやり方で物を学ぶという事実を知っていましたか？ 心理学の専門家ロビン・ランドー博士が、あなたの学習スタイルに対してどんなふうに説明するか、聞いてみましょう。まず彼女の小テストを受けて、あなたの結果がどうでるか、見てみましょう。

**1.** あなたは、その学校がはじめてで、食堂にどうやって行くか知りたいとします。あなたは今朝、あなたと話した親切そうな生徒をみつけて、どんなふうにたずねますか？

a. どう行けばいいか、話してくれますか？

b. 紙切れに、どう行けばいいか、地図を描いてもらえますか？

c. 食堂まで、つれていってもらえますか？

**2.** あなたが好きなウェブサイトは？

a. 音楽が聴けたり、インタビューが聞けるように、オーディオチャンネルを持っているサイト。

b. 見た目にきれいで、面白いデザインになっているサイト。

c. あなたを忙しくさせてくれるサイト。あなたは、あちこちクリックしたり、投票に参加したりするのが好き。

**3.** あなたの先生から、あなたは、あなたの趣味である岩登りについて、クラスで短い話をして欲しいと頼まれました。あなたはどうしますか？

a. いくつかの素晴らしい体験を話し、クラスのみんなが、その山であなたといっしょに居ると感じるように話す。

b. あなたが、最近登った写真を見せて、彼らにとって岩登りがどんなことなのか、見てわかるようにする。

c. あなたの岩登りの道具を教室に持ち込み、あなたのクラスメートにそれをつけてあげて、岩を登ることがどんな感じなのか体験してもらう。

**4.** ついに、あなたのご両親は、あなたに携帯電話を買ってあげることに同意しました。あなたのお母さんがその価格を気にしている一方、あなたがもっとも気にしているのは、どんなことですか？

a. その販売員が説明している、電話の機能。

b. そのデザイン。かっこよく見えるかどうか。

c. 手にとって実際に試してみること。使い勝手がいいかどうか。

**5.** あなたが、学校行事の待ち時間などで退屈したとき、あなたは何をしますか？

a. 頭の中で、今一番流行っている歌を歌う。

b. 読む。それが何であろうとかまわない。どんなものでも、これ(ただ、退屈している)よりは、おもしろいはず。

c. 手近にあるノートにいたずら書きをする。たとえそれが、自分のノートでなくても。

**6.** あなたはついに、待ちに待った子犬を手に入れようとしています。ところがあなたのお母さんは、その子犬の世話はすべて、あなたの責任であることを明確に宣言しています。一度も子犬を飼ったことがないあなたは、さて、どうするでしょう？

a. 近所のペット・ショップの専門家の人たちに相談する。彼らはあなたが必要なことをすべて、あなたに話してくれるでしょう。

b. 急いで本屋さんに行って、『あなたの子犬の世話：徹底ガイド』というような本を探して買う。

c. あなたの親友の家を訪ねる。その友達は犬を飼っていて、友達がえさをあげたり散歩させたりするときに、あなたに手伝わせてくれる。犬を洗う手伝いまでさせてくれるかもしれません。

**7.** あなたは誕生日のお祝いとして、この性能の良い新しいデジタルカメラを手に入れたところです。そしてあなたは、一刻も早くそのカメラの使い方を学んで、金曜日のパーティで、自分や友達の写真を撮りたいと思っています。さて、あなたが最初にすることは？

a. 親友に電話する。その友人は、あなたと同じカメラを持っているので、友人からその使い方を聞きたいと思っている。

b. そのカメラのサイトを開く。あなたは、そのサイトの説明が大変良いことを聞いたことがあるし、良い写真とそうでない写真の例を載せていて、しかも、それらをどう改善するかも説明してあるから。

c. 適当に写真を撮りはじめる。あなたは上手になるまで、少しぐらいへたな写真ができても気にしない。

**8.** あなたが一人で勉強しているとき、あなたはどんなふうですか？

a. 何かを暗記するために、声にだして自分に話しかけていることがある。

b. 自分のノートを何度も何度も読み直し、たまには書き直したりもする。頭の中に、しっかり納まるようにするためである。

c. 試しに問題を作って、それに答えようとする。

**9.** あなたは、何で有名ですか？

a. 話が上手なことで有名。とても話しかけやすいことで有名。

b. たいへんな読書家。どんな本がおもしろいか、人が訊きに来る。

c. 芸術家か体育系。それがダンスだろうと、彫刻だろうと、サッカーだろうと、あなたはいつもクラスをとっていたり、練習していたり、あなたの才能を使おうとしている。

**10.** あなたが、ある電話番号を暗記しようとしています。あなたは、目を閉じてから何をするでしょう？

a. それを頭の中で繰り返す。まるで、あなたがその番号を話していると、あなたに‘聞こえる’かのように。

b. 小さな紙切れに、その番号を視覚化することによって、まるであなたがそれを‘見ている’かのように。

c. ‘指に覚えさせる’ように、あなたがその番号を回していることを想像する。

**11.** あなたの妹の誕生日は、来週です。あなたは、あなたの心のこもったプレゼントで、妹を驚かせようと思っています。さてあなたは、何をするでしょう？

a. 最新のヒット曲に合わせて、妹についておもしろい歌詞をつけて、夕食の誕生会で歌ってきかせる。

b. 詩を書いて、ベッドのスタンドのところにおいておく。そうすれば、妹が朝起きたときに、それに気づく。

c. ティーンの間で人気の、公開されたばかりの映画に妹をつれていく。ふたりだけの時間を持って、絆を強くする。

**12.** あなたは、学校で催されるダンスの組織委員に、立候補しました。そして、どれか好きな係を選ぶように言われました。あなたは何を選ぶでしょう？

a. 音楽の係。あなたは、リズムのよい音楽が始終流れているように気をつけたい。

b. 飾りつけの係。会場は完璧な環境にしたい。そしてあなたは、素晴らしいアイデアを持っている。

c. 交渉係。あなたは、その夜が何事もなくスムーズに行くことを願っています。もし、何か困ったことがあれば、あなたに相談すればいいと思われる人でありたいと、願っています。結局のところあなたは、素晴らしい社交家だからです。

あなたが選んだ a, b, c の数をそれぞれ数えてみましょう。

もし、あなたの選んだ答えのほとんどが a だったとすると、あなたは、耳から聞いて学習するタイプ(**聴覚学習型**)と言えるでしょう。あなたは、情報が音として聞こえる状態で提供されたとき、一番効率よく学ぶことができます。つまりあなたは、聞き上手ということです。授業で言うとあなたは、先生の話に耳を傾けたり、グループでの話し合いに参加したりすることによって、学習効果があがります。あなたが何か暗記したいときには、他人の音声を聞く方法や、自分で声に出して何度も繰り返す方法が適しています。その他に、あなたに向いている学習法には、次のようなものが含まれます。

- あなたが数学の宿題をするときは、いつも問題を声にだして読むだけでなく、その解き方も声にだす。たとえば、「えーと、もしこれをあれで割るとすると、その逆数をまず求めて…」などのように。こういう過程を声にだすことで、あなたの集中力は強化されるでしょう。

- 勉強の途中でノートや教科書を読んで、大切なことをテープに吹き込んでおく。あなたが、所定の問題を解くのに、大切と思われるポイントを思い出す助けになるように。そしてテスト勉強のときに、そのテープを聞く。

- 数学の概念を記憶するのに役立つ、おもしろいフレーズを考えたり、それを発展させて歌にしてしまったりしましょう。たとえば、帯分数に出会ったら、いつも仮分数に直さなければならないので、あなたは、「ああ、帯分数？ おれは、それを見ると腹が立つ。だから MAD 方式を使うんだ。」などと、覚えることも可能です。

それに対して、あなたの選択のほとんどが b だったとすると、あなたは、視覚に基づいて覚えるタイプ（視覚学習型）でしょう。あなたの場合は、情報が目で見える形、それは書いてあるものだったり、絵やデザインだったりすると理解しやすいのです。クラスにおいては、先生が黒板を使ったりスクリーンに写したり、アウトラインを先に説明し、それに沿って説明してくれると、とてもあなたにとって理解しやすいでしょう。あなたは静かな部屋で、自分ひとりで勉強するのが好きでしょう。あなたは、何かを覚えようとするとき、しばしばその情報を心の中で、“見ている” でしょう。あなたにはアーティストの部分があって、視覚的なアートやデザインを使わなければならないプロジェクトを楽しいと思うかもしれません。

そんなあなたに適した勉強法には、次のようなものが含まれるでしょう。

- 勉強するとき、ノートや教科書に色を使い分けて情報の整理をする。たとえばハイライト・ペンを使って、別の種類の情報がはっきり区別できるようにする。

- あなたの教科書やクラスノートから、大事な文章やフレーズを抜書きする。

- 暗記すべき公式をカードに書き出す。そのカードに書く情報は少なめにして、あなたが頭の中でその情報を'絵'として、思い浮かべることができるように。

- いくつかのステップが必要な場合は、一つ一つのステップを詳しく書き出してみる。

- 毎日のクラスノートをもう一度書き直す。ただ、書き直してそれを眺めるだけで、頭の中にはっきり焼き付けることができる。

- テストの前には、暗記すべき内容を目で見てわかるように工夫する。'ポスト・イット'などを使って、大事な用語や概念を書いたものを、目に付きやすいところ、ロッカーの上とか鏡の上、予定表の上などに貼り付ける。

最後に、もしあなたの選んだ記号のほとんどがｃだったとしたら、あなたは、触ったり実際に体を動かす活動を通して学ぶのが得意な、**体験学習型**に位置づけられます。あなたは、体や手を使った体験を通して覚えると効果があります。クラスの活動では実験などが好きで、あなたは物を変化させたりしながら、新しい概念を学ぶ傾向があります。あなたは先生の中でも、教室の中で、実際に練習したりやってみせたりすることを奨励する先生が好きで、もちろん、教室の外での‘フィールド・ワーク’をさせてくれる先生の大ファンです。

そういう体験学習型のあなたにおすすめの勉強法には、次のようなものが含まれます。

- あなたの勉強を‘実体験’にする工夫をする。可能である限り、問題を解くときには、実際に家の周りにあるもので、問題に関係したものといっしょに勉強するようにしましょう。あるいは、大切な概念を表現する模型をつくってみましょう。たとえば同値な分数を学んだ章(第６章)では、実際にピザを注文していろいろなふうに切り分けることによって、同じ分量のピザが、違った分数で表現されることを実感することもできます。自分でピザを切る活動が、その知識を‘現実的にする’助けになります。

- 授業に集中するために、(可能であれば)前列に席をとりノートをとることによって、自分が参加していることを実感する。

- 勉強するときは、ノートや暗記用のカードを手に持って、その情報を大声で読み上げながら行ったり来たりする。そしてそれらを、他の活動をしているとき、シャワーを浴びているときやジョギングをしているときなど、繰り返し声にだしてみる。

- 何か、ステップごとにしなければならないことを覚えたいときは、一枚のカードに一つのステップというふうにカードを作り、机の上にそれをバラバラに広げて、正しい順番に並べる練習をしましょう。フラッシュ・カードに、何かおもしろい言葉や記号や絵を書いたり、シールを貼ったりして、それらに“個性”を持たせましょう。あなたがスムーズに順番よく並べられるまで、何度も練習しましょう。

- 機会があれば、数学の概念に物語を添えて、記憶の助けになるとともに、あなたが本当に自分がその概念とかかわって行動しているように感じることができるように、工夫しましょう。あなた自身で好きな物語を作り上げて、数学の暗記に使いましょう。あなたの創造力を用いて、もっと楽しく効果的に勉強できるようにしましょう。

# $x$について解く：入門

わたしたちが $x$ について解くこと、そしてそのかっこいい交換留学生の話に入る前に、掛け算を表す記号について下記の注意事項を読んでみましょう。教科書によってどんな記号を掛け算に使うか、それぞれ好みがあるので、どんな記号が使われていても、あなたが混乱しないようにしておきたいのです。

### 掛け算の記号

この本では、掛け算はほとんどが、記号 × で表されていますが、他の記号たとえば、・や () が使われるのを見かけたことがあるかもしれません。そしてときには、まったく記号なしという場合もあります。（代数では、このタイプがもっとも多く見かけられる。）

たとえば、'3 掛ける $m$' は、次のようにいくつかの違った形で表現されることがあります。

$$3\times m$$

$$3\cdot m$$

$$3(m)$$

$$3m$$

そうです。上記のどれもが、同じことを違った形で表しているのです。こういう違いに慣れるようにしましょう。なぜかというと、あなたがどれを見ることになってもおかしくないからです。(ちょっと、厄介な気がしますか？ その気持ちはわかりますが、心配しないでください。ある時期がくれば、あなたは、平気で記号と記号の間を行ったり来たりできるようになるはずです。)

## 仮の名称とあだ名

新しい生徒が、あなたのクラスに入ってきたとしましょう。外国からの本当にかっこいい少年です。彼は、あなたの隣の席になりました。そして、彼の名前は、Vakhtangi Levani Gachechiladze だと、あなたに自己紹介しました。「どうしよう、彼はほんとにかっこいい。待って、彼の名前は、なんだっけ？」あなたはパニックに陥るかもしれません。「どうやって、彼の名前を覚えたらいいのだろう？ どうやって彼を、わたしの友人たちに紹介すればいいのでしょう？ そして、かんじんなときに彼の名前を忘れたら、どうしたらいいの？」

そのとき彼が、「僕のことを V と呼んでくれていいよ。」と、言ってくれたらどうでしょう。

あなたはやっと安心して、呼吸が普通にできるようになるかも知れません。なんて、素晴らしい。たとえ、あなたがきちんと名前を覚えられたとしても、発音が正しいとは限りません。よく考えてみましょう。もし、あなたが彼の本当の名前を発音できないとしたら、そしてもし、あなたが彼の本当の名前を覚えられないとしたら、たとえ、彼が超かっこよかったとしても、あなたは彼の実名を知らないのです。

数学では、ある物の本当の値がわからないときは、それに、“あだ名”をつけることがあります。第18章でみたように、比例式での未知数を$m$と名づけました。それは仮の名称というか、あだ名のようなものです。その仮の名称は、実はなんでもよかったわけです。$V$だろうと何だろうと、どんな文字を使ってもよかったのです。**代数**ではしょっちゅう、あだ名を使います。

たとえば、あなたが化粧品を買ったときに、おまけの入っている袋をもらったとしましょう。その袋の中にはたくさんの口紅が入っているのですが、あなたはいったい何本入っているか、知らなかったとしましょう。さてあなたは、その袋をわたしに渡し、わたしが魔法を使って、その口紅の量を二倍にし、そこから3本だけ口紅を引き抜いて、あなたに戻したとしましょう。（わたしを信じて、辛抱してください。）

さて、今、あなたの袋の中に入っている口紅の本数を、はじめに何本持っていたかをあだ名で表して、かぞえてみましょう。あなたがはじめに持っていた本数を“$S$”としましょう。（それは最初の数なので、その頭文字をとって、“$S$”とします。）

わたしが、魔法を使って口紅の本数を二倍にしたとき、わたしたちは$S$の二倍の本数を持っていたことになりませんか？ それは、$2 \times S$ または、$2S$ と表してもいいでしょう。そこから、わたしが3本引き抜いたので、結果として今は、“$2S-3$” 本の口紅が入っているはずです。

とても簡単で、かっこいいではありませんか？ そして、もしあなたが、はじめに持っていた口紅の本数を知っているとしたら(つまり、“$S$” の値がわかれば)、“$2S-3$” が、あなたが今持っている口紅の本数を、完全に記述しているのです。

この例は、普通の言葉で書かれた状況を “数学的な表現” に翻訳することの技術の大切さを示しています。この考えを頭の隅に覚えておいてください。あなたが、もっともっと先の数学を勉強していくと、この考え方の大切さ、便利さがわかってくると思います。

### 練習問題

次の問題を、与えられた “あだ名” を使って表現しましょう。はじめの問題は、わたしがしてみせましょう。

1. わたしは、何枚かのガムを持っています。しかし、その数は秘密です。そのガムの枚数を “$g$” としましょう。さて、あなたがわたしに4枚のガムをくれたとします。それからわたしは、あなたに、わたしの持っていたすべてのガムの半分をあげたとしましょう。$g$ を使って、わたしが何枚のガムをあなたにあげたか、表してください。

解：この問題を順を追って、考えていきましょう。わたしは最初、$g$ 枚のガムを持っていました。それからあなたは、わたしに 4 枚のガムを手渡しました。そこでわたしは、$(g+4)$ 枚のガムを持ったことになります。それからわたしは、わたしの持っているすべての半分、言い換えると、$(g+4)$ の半分を、あなたに手渡しました。というわけで、これは、$(g+4) \div 2$、あるいは、$\frac{g+4}{2}$ と書くことができるでしょう。

答え：$(g+4) \div 2$、あるいは、$\frac{g+4}{2}$。

(分数は、“割り算” であるという事実を思い出してください。詳しくは、基本のおさらい篇 61 ページ参照。)

2. わたしは、ビーズの入った袋を持っています。所定の数のビーズが入っているのですが、その数は秘密です。その袋の中に入っているビーズの数を “$x$” としましょう。もしそこに、3 個のビーズを加えたとしたら、いったいわたしは、何個のビーズを持っていることになりますか？

3. あなたは、ミントの入った箱を妹にあげました。その箱の中に入っていたミントの数を “$m$” としましょう。妹は 2 粒だけとって、あなたに戻しました。そこであなたは、5 粒のミントをその箱の中からとって食べました。$m$ を使うと、その箱の中には、いくつのミントがのこっているでしょう？

4. クリスマスに、あなたのお姉さんが、あなたにあなたの好きなチョコレートを一箱プレゼントしてくれました。その箱の中に、$c$ 個のチョコレートが入っていたとします。あなたはその箱の中から、3 個食べました。その後、あなたのお母さんも、全く同じチョコレートの箱をプレゼントしてくれました。$c$ を使うと、あなたは今、何個のチョコレートを持っていることになりますか？

代数では、$x$ や $g$ や $m$ などのようなあだ名(仮の名称)のことを、**変数**と呼びます。なぜかというと、それらはどんな値にでも変わりうるからです。それはちょうど V が、Victor や Vakhtangi や Vampires(吸血鬼)や、その他どんなものでも表しうるように、変数 $x$ は、2 や 8 や 1001 や、他の想像可能な数すべてを表すことができます。つまりわたしたちは、これらのあだ名、変数を、何にでも置き換えることができる仮の姿として使っているのです。なぜかというと、それが実際なんであるかは、まだわからないからです。

ring ring

この言葉の意味は？・・・変数

変数は、ある文字で表され、まだ値がわかっていない数を代表しています。それは、まだわからない数の“あだ名”であると言うこともできます。もっとも、広く使われている変数は $x$ と $y$(代数では、しょっちゅう見かけるはずです）ですが、どんな文字でもあなたの好きな文字を使っていいのです。数学者たちが、“数学的な文章（命題）”の中で変数をよく使うのは、変数が数学を“話す”のに、とても効果的だからです。

## 真珠の入った袋

あなたが、ある表現の中で、$x$ や他の変数をみかけたときは、それを真珠の入った袋だと思うことができます。

その袋の中には、いくつかの真珠が入っていますが、あなたは、その数がいくつであるか知らないかもしれません。しかし、だからと言って、その数が存在しないわけではありません。たまたま、あなたがまだ知らないだけです。だから、それを $x$ と呼ぶのです。

さて、$x$ が一袋の真珠とすると、$2x$ は何を表しているでしょう？　それは、二袋の真珠です。

二つの袋の中身は、まったく同じだということを忘れないでください。それぞれ、$x$ 粒の真珠が入っています。

それでは、$2x+3$ は、何を表しているでしょう？ それは、二袋と 3 粒の真珠を表しています。

たとえ、あなたが一袋にいく粒の真珠が入っているかわからないとしても、もしわたしが、

$$2x+3=13$$

が成り立つと言ったら、ちょっと代数を使うことによって、その袋を開くことなく、それぞれの袋にいく粒ずつ入っているか知ることができます。真珠の絵を使って、等式を表してみましょう。

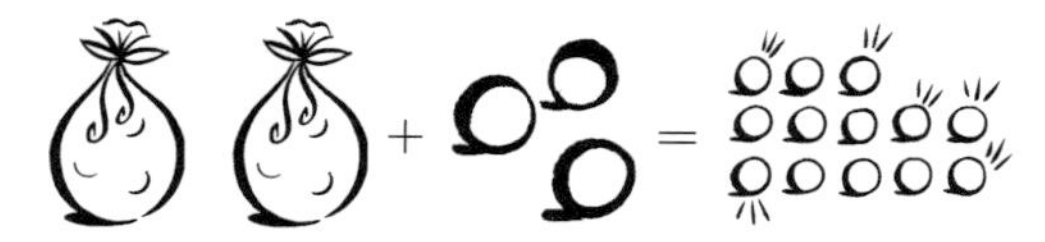

ここにあるのは、正しい文章(命題)、つまり正しい等式です。その等式の左辺と右辺は、お互いに等しいのです。言い換えると、左辺にある真珠の粒の数の合計と、右辺の真珠の粒数は、まったく同じなのです。お互いに、まったく同じ量を表しているのです。だから、つりあったはかりを想像することもできるはずです。これが、等号 = の意味するところです。(その袋の素材はとても軽く、まったく重さがないに等しいと、ここでは思ってください。)

わたしたちの目的は、天秤（てんびん）の一方の皿に一袋の真珠、そして片方の皿には、ばらばらになった真珠をのせてバランスをとることです。どうやったら、そんなふうにできるでしょう？　そうです。どちらの皿からも同じ数だけの真珠をとっても、バランスは保たれるはずなので、両方から、3粒ずつとりましょう。

つまり、等式でいうと、両辺から **3** を引いたことになります。

$$2x + 3 - \mathbf{3} = 13 - \mathbf{3}$$

$$\rightarrow$$

$$2x = 10$$

というわけで、わたしたちは、二袋の真珠が10粒のバラの真珠と等しいことを理解しました。しかし、わたしたちは、一袋の真珠の量を知りたいのであって、二袋のそれではありません。だから、両辺を2で割ればいいのではありませんか？　これは、両辺を半分ずつにしたいといっていることといっしょなのです。二袋 $2x$ の半分は、一袋 $x$ にあたります。そして、右辺の10の半分は、5です。

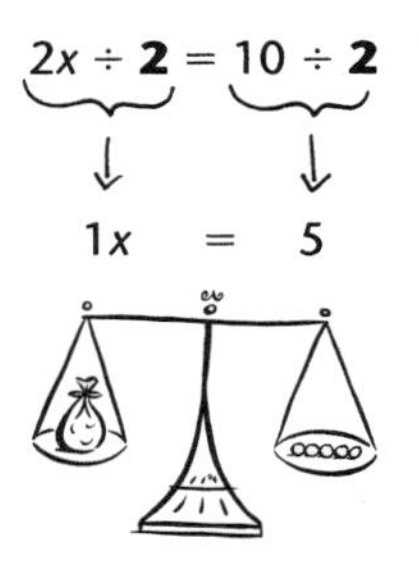


一袋が、５粒の真珠を中に持っていたことになります。

すごい！　わたしたちはその袋を開くことなく、その中に何粒の真珠が入っているかを知ることができました。

これで、代数の問題を解く実況放送を終わります。

ここがポイント！　$1x$ という表現は $x$ と同じです。両方とも、"一袋の真珠" と思うことができます。

## 箱がいいか、袋がいいか？

わたしがこれを始めて習ったときは、$x$ のかわりに、小さい四角い箱を描いてから、等式を解くのが好きでした。何かよくわからないけれど、そのほうが、たとえば $4x$ が何を意味するのか、納得しやすかったのです。

X ＝ □

たとえば 4□ − 1□ の計算は、3□ になることが理解できました。それから 4□ ÷ 4 ＝ 1□ のように割り算することもできたのです。結局のところ、4 箱から 1 箱ひいたら、どうなりますか？ それは 3 箱です。そして、4 箱を 4 等分したらどうなりますか？ そうです！ 1 箱です。（わたしたちは、一袋の真珠について上記でふれましたが、袋より箱のほうが描きやすいのです。）

だから、このタイプの $x$ を含んだ等式を解くときには、$x$ のかわりに □ を使っても良いでしょう。そしてその箱の中に、真珠が入っていると想像しましょう。何粒の真珠が入っているかを求めるのは、あなたの役目です。

## $x$ について解く

数学の問題で、$x$ の値を求めなければならないときには、あなたの目標は両辺に同じ操作をすることで、その $x$ だけを片方の辺に孤立させ、他の辺は一つの数だけの状態をつくることです。それができれば、その数が $x$ の値です。

### ステップ・バイ・ステップ

$x$ について解く。

ステップ **1.** もし、それが助けになるのであれば、与えられた等式の $x$ を小さな箱 □ におきかえた等式に書き直す。

ステップ **2.** 両辺に、必要な演算（足す、引く、掛ける、割る)をほどこして、$x$(または、□)を含む項がすべて一方の辺に、他方の辺はすべて数だけで成り立っているようにする。全く同じことを両辺に施してあげることに気を配りましょう。そうすることによって、天秤のバランスがつねに保たれているようにするためです。それを忘れると、左右のバランスがくずれてしまいます。

ステップ **3.** 次に、それぞれの辺を整理し、両辺にある演算を施すことによって、一方の辺が一つの $x$ だけを持つように変形する。その結果、“$x =$ 数” という形になるので、$x$ について解いたことになる。以上。

**等式の両辺を割る…分数を使って！**

普通、代数入門や代数のクラスでは、等式の両辺をある数で割って、$x$ を孤立させる方法を使います。わたしたちが上記の例で見たように、割り算の記号を使って、その割り算を実行することができます。しかし、もっと複雑な式を扱うときは、割り算の記号よりも分数の記号(**「分数は、割り算と同じ」ということを、思い出しましょう。**)を使うほうが、信じがたいかもしれませんが、ずっと、簡単になるのです。

等式 $2x = 10$ に対して、わたしたちは両辺を 2 で割ろうとしていました。ここで ÷ を使わずに、両辺に割り算の線分を引くことによって、各辺の値を分子とし、分母は両辺とも 2 になるような分数を作ることができます。両辺に同じ操作を加えている限り、両辺が等しいという事実は保存されるのです。

$$\frac{2x}{2} = \frac{10}{2}$$

そうすると、2も$x$も分数の一つの因子(掛け算が行なわれる一つ一つの数)になります。そこで、その分子と分母から、2を約分して、その分数をより単純な表現にできます。

$$\frac{\cancel{2}x}{\cancel{2}} = \frac{\cancel{10}^{5}}{\cancel{2}}$$

$$\downarrow \quad \downarrow$$

$$x = 5$$

これでわたしたちは、$x$を求めることができました。ここでわたしたちが用いた方法は、完全に正しい書き方なのです。つまりわたしたちは、天秤の左右の皿のバランスを常に保ちながら、変形を実行したので、最後にできた$x=5$というのは、本当に等号が成り立っているのです。

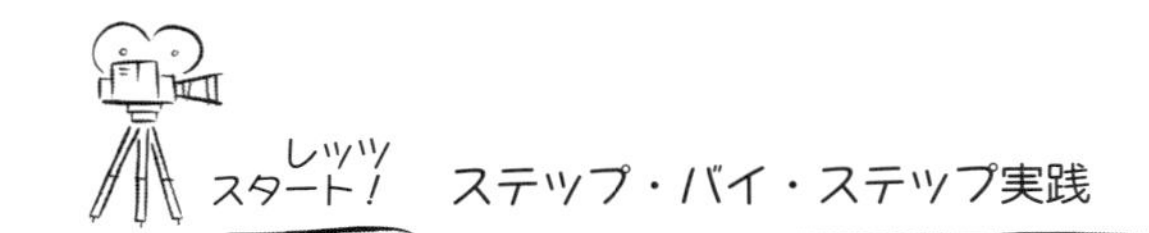


$x$について、解く。(言い換えると、次の等式が正しくなるような$x$を求めなさい。)

$$4x - 1 = 19$$

ステップ **1.** まず、その $x$ を小さな箱で置き換える。

$$4\square - 1 = 19$$

ステップ **2.** その小さな箱を孤立させる、それがわたしたちの最終目標なのですが、まずじゃまな $-1$ を取り除くことで、少なくとも $4\square$ だけが一つの辺に存在するようにして、$4\square$ はその後で処理することにしましょう。どうやったら、$-1$ を取り除くことができますか？ 両辺に 1 を加えてみましょう。

$$4\square - 1 + \mathbf{1} = 19 + \mathbf{1}$$
$$4\square = 20$$

ステップ **3.** この最後の等式が表現していることは、真珠の入った 4 つの箱は、20 粒の真珠に等しいということです。たぶんあなたなら、一箱の中に 5 粒入っていると推測できるでしょうが、実際、わたしたちがここですべきことは、等式の両辺を 4 で割ってその 4 をとりのぞき、それから分子と分母を約分することです。

$$4\square = 20$$

$$\frac{4\square}{\mathbf{4}} = \frac{20}{\mathbf{4}}$$

$$\frac{\cancel{4}\square}{\cancel{4}} = \frac{\cancel{20}^{\,5}}{\cancel{4}}$$

$$\square = 5$$

さて、この小さい箱は、$x$ と全く同じだったことを思い出しましょう。そこで、$x = 5$ をはじめの式に代入して、両辺が等しくなるか確かめましょう。

$$4X - 1 = 19$$

$$4 \times \mathbf{5} - 1 \stackrel{?}{=} 19$$

$$\rightarrow \quad 20 - 1 \stackrel{?}{=} 19$$

$$\rightarrow \quad 19 = 19 \quad \checkmark$$

やっぱり $x = 5$ は、正しい答えでした。

**ここがポイント！**　わたしたちが、$x$ を含んだ等式をみつけて、それを $x$ について解くというときにはいつでも、わたしたちが実際にしていることは、次の質問に答えようとしていることになるのです。「この等式を正しくするためには、$x$ はどんな値でなければならないでしょう？」

**要注意！**　あなたの真珠の入った箱と真珠の粒の数は、きちんと分けて考えるようにしましょう。たとえば、$4x - 1$ を $3x$ と計算してしまうのは、まったくの間違いです。$4x - 1$ は、$x$ に具体的な数が入らない限り、これ以上簡単にはできないのです。

一方、もしあなたが $4x - 1x$ を持っているのであれば、これは引き算が実行できて、$4x - 1x = 3x$ となります。なぜなら、4 箱 −1 箱 ＝3 箱だからです。この違いがわかりますか？

## テイク ツー！ 別の例でためしてみよう！

$x$ について、解く。

$$\frac{x}{3} + 2 = 5$$

ステップ **1.** まず、$x$ を小さな箱に置き換えて、$\frac{\square}{3} + 2 = 5$ とする。さて、$\frac{\square}{3}$ とはどんな意味でしょう？ それは、“真珠の入った箱の 3 分の 1” という意味です。わたしたちが知りたいのは、一箱全体の量です。心配いりません。わたしたちは、やり遂げることができます。一度に、一歩ずつ仕事を片付けていきましょう。

ステップ **2.** わたしたちは、その □ を知りたいので、2 粒の真珠を各辺から、まず引きましょう。そうすることによって、“その箱に関係するものはすべて” 一方の辺にあり、他方の辺には、普通の数だけが残る形になるのです。

$$\frac{\square}{3} + 2 = 5$$

$$\frac{\square}{3} + 2 - \mathbf{2} = 5 - \mathbf{2}$$

(両辺から 2 を引くことは、天秤ばかりのバランスを保ちます。)

$$\frac{\square}{3} = 3$$

ステップ **3.** なかなかいい感じになってきました。だんだん、□の正体に近づいてきたようです。しかしまだ、そこに到達したわけではありません。どうやって、分母の 3 を取り除いたらいいでしょう？ ウーム。もしわたしたちが、その箱の分数に 3 を掛けたら、どうなるでしょう？ 同じことを各辺にしてあげれば、両辺のバランスは保たれます。

$$\frac{\square}{3} \times \mathbf{3} = 3 \times \mathbf{3}$$

(両辺に 3 を掛けることは、天秤のバランスを保ちます。) そこで、わたしたちは次を得ます。

$$\frac{\square \times \cancel{3}}{\cancel{3}} = 9$$

$$\square = 9$$

つまり、$x = 9$ が得られました。

(あなたはもしかすると、どうやってわたしたちは、3 同士が打ち消しあうような幸運に恵まれたのだろうと思っているかもしれませんが、そうではなくて、わたしたちが、そうなるように意図的に 3 を選んだのでした。)

そして、与えられたはじめの式の $\boldsymbol{x}$ に **9** を代入することによって、次のように検算が容易にできます。$\frac{x}{3} + 2 = 5$。

$$\frac{9}{3}+2\overset{?}{=}5$$

$$\rightarrow \quad \frac{\cancel{9}^{3}}{\cancel{3}_{1}}+2\overset{?}{=}5$$

$$\rightarrow \quad 3+2\overset{?}{=}5$$

$$\rightarrow \quad 5=5 \quad \checkmark$$

はい、よくできました。わたしたちは、はじめに与えられた式を正しくする数、$x=9$ を得ることに成功しました。それが、わたしたちのしたかったことです。

**ここがポイント！**　等式の両辺に、同じことを施してあげることによって、どの段階でも等式が正しくなることを、維持してきたのでした。こうすることによって、最後に $x$ を一方の辺に孤立させることができたときも、正しい等式を持つことができたのでした。つまり、$x=$ 答えの数、というわけです。

## テイクツー！　別の例でためしてみよう！

$x$ について、解きましょう。

$$2x+3=3x+1$$

ウーム。今回は、$x$ が両方の辺に見られます。

ステップ **1.** まず、$x$ の代わりに箱を書きましょう。$2\square + 3 = 3\square + 1$。

ステップ **2.** つまり、二箱と 3 粒の真珠が、三箱と 1 粒の真珠に等しいことでしょうか？ もう一度繰り返すと、わたしたちの使命は、どうにかして、一箱だけを孤立させることなのですが、その方法は常に、両辺に同じ操作を加えることの積み重ねでなければなりません。そうすることによって、両辺のバランスを常に保つことができるようにです。

一箱をどうやって孤立させましょう？ たとえば、両辺から二箱ずつ取り除いたらどうでしょう？ 言い換えると、両辺から $2\square$ を差し引いたらどうなるでしょう？

$$\begin{aligned} 2\square - \mathbf{2}\blacksquare + 3 &= 3\square - \mathbf{2}\blacksquare + 1 \\ 3 &= 1\square + 1 \end{aligned}$$

ステップ **3.** 状況が良くなっています。箱に関係したものを、一方の辺に寄せることに成功したからです。しかし、ただの数を他方に寄せる必要があります。というわけで、両辺から 1 を引きましょう。

$$\begin{aligned} 3 - \mathbf{1} &= 1\square + 1 - \mathbf{1} \\ 2 &= 1\square \end{aligned}$$

そして、$1\square$ は $\square$ といっしょなので、$\square = 2$ となるのです。

つまり、$x = 2$ が得られたわけです。さて、2を元の式の $x$ に代入して、正しい答えが得られたか、確かめてみましょう。

$$2x + 3 = 3x + 1$$

$$2 \times \mathbf{2} + 3 \stackrel{?}{=} 3 \times \mathbf{2} + 1$$

$$\rightarrow \quad 4 + 3 \stackrel{?}{=} 6 + 1$$

$$\rightarrow \quad 7 = 7 \quad \checkmark$$

まさしくその通り。というわけで、$x$ に2を代入すると、与えられた式が正しい等式になるのです。答え：$x = 2$。

与えられた式から出発し、$x$（または、その□）が等式の一方に孤立し、普通の数だけが他方に残るような形に変形するために、なんでも必要なことをしましょう。足し算、引き算、掛け算、割り算など、何でもです。その等式に対して、同じことを両辺に施している限り、あなたは大丈夫です。

**要注意！**　あなたが、一方の辺に $x$ だけ、他の辺に普通の数だけの形を作るために、両辺に同じ操作を繰り返しているうちに、つまり、割ったり掛けたりするのを急ぎすぎて間違えることがよくあるので、注意しましょう。あなたは常に、両辺にどんなことでも、同じことを施している限り等号が成り立つので、それほどひどい間違いをすることはないでしょうが、その操作を正しく実行することが必要です。たとえば次に、間違った例を紹介しましょう。

$$2x+1=5$$

ここでまず、$x$を孤立させようと思ったら、最初に両辺から1を引くのが一番いいのですが、今、仮に、あなたが先に両辺を2で割りたいと思ったとしましょう。それはそれでいいのですが、そうすると、状況がより複雑なことになるのです。あなたは特別注意して、それを正しく実行する必要があります。何か、等式に、そのバランスを保ちながらの変形を施すには、両辺にまったく同じことをしなくてはいけません。したがって、はじめに両辺を2で割りたければ、

$$\frac{2x+1}{2}=\frac{5}{2}$$

としなくてはならないのですが、これは、$x$を孤立させるのに最適な方法とはいえません。なぜかというと、(あなたが見てもわかるように)等式をより複雑な形にしてしまったからです。しかし、ここで本当にあなたが恐れなければならないことは、$2x$だけを2で割って、1を無視してしまうことです。

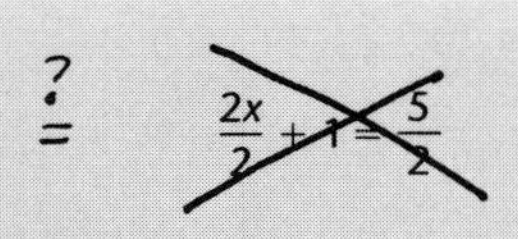


これは、まったくの間違いです。

間違いを避ける最良の方法は、まず $x$ を含む項をすべて一方に寄せてしまい、ただの数は他方にすべて集めてしまうことです。そうして、その後で掛け算なり割り算なりを施して、ただの $x$ だけにするのです。

みんなの意見

「わたしは、数学が本当に得意だったのですが、今は難しくなってきました。わたしはもっと、うまくなりたいと思っています。」エリー(11 歳)

「わたしは、おもしろい数学の先生に習っているときは、数学が好きです。私の先生は、本当にわたしを励ましてくれる優しい先生でないとだめなのです。わたしは、数学に対してとても臆病だったことがあります。いまでもわたしは、頭が悪いと感じるときがあります。わたしは、自分が馬鹿だとは思いたくありません。」シンディ(15 歳)

練習問題

次の等式を正しくする $x$ を見つけてください。(まず、$x$ を小さな箱に直したければ、そうしてください。そして、その変数を真珠の入った袋か、箱と思ってみてもいいです。）はじめの問題は、わたしがしてみせましょう。

1. $5x = 3x + 8$

解：まず $x$ を、小さな箱に書き換えます。$5\square = 3\square + 8$。両辺から三箱ずつ引いて、$5\square - \mathbf{3\square} = 3\square - \mathbf{3\square} + 8$ が得られます。そこで、$2\square = 8$ と変形できるので、両辺を 2 で割って、それぞれ約分しましょう。

$$\frac{\cancel{2}\square}{\cancel{2}} = \frac{\cancel{8}^{\,4}}{\cancel{2}}$$

$\square = 4$ となります。答えを確かめるには、元の式の $x$ のところに 4 を代入して、正しい式が得られればよいのです。$5x = 3x + 8$。

$$5 \times \mathbf{4} \overset{?}{=} 3 \times \mathbf{4} + 8$$

$$\rightarrow \quad 20 \overset{?}{=} 12 + 8$$

$$\rightarrow \quad 20 = 20 \quad \checkmark$$

答え：$x = 4$

2. $x - 7 = 11$
3. $2x + 6 = 10$
4. $\dfrac{x}{5} + 1 = 3$
5. $8x = 7x + 5$
6. $6x + 1 = 2x + 5$

## この章のおさらい

- わたしたちは、$x$ と $y$ のような、「あだ名」あるいは変数を使います。なぜかというと、それらの値が何であるか、まだわからないからです。それらにはある値が対応するのですが、ただそれが何であるか、まだわからないだけなのです。

- $x$ を、真珠の入った箱や袋だと思うことにしましょう。実際、あなたがそうしたければ、その等式を解く過程で、$x$ のかわりに小さな箱を書いて、それで計算を進めてもいいのです。

- 目標は、与えられた等式の両辺に適当な操作を施すことによって、$x$ 自身を孤立させることです。そのとき、左辺と右辺のバランスは保たれたままなので、最後には、$x =$ ある数、が正しい等式として得られます。

- “$x$ について解く” ときの一番のやり方は、まず変数($x$, $y$ や□)の付いた項を全部、一方の辺に寄せ、普通の数は別の辺に寄せることです。すべての目標は、そのつど適当な操作を左辺と右辺に施しながら、$x$ だけを一つの辺に孤立させることです。その形にできたら、$x$ について解けばよいのです。

**先輩からのメッセージ**

**リサ・メイズ(ペンシルベニア州ウエスト・チェスター市出身)**
**過去：何事もうまくいかず、自信のない心配性の女子**
**現在：南カルフォルニア大学で、神経科学を専攻する優秀な学生**

わたしが中学生のとき、二つの相反する感情の間で揺れていたことを覚えています。成績を良くしたいという感情と、「がり勉」と思われるのではないかという心配の二つです。数学のクラスで、生徒たちは誰が一番いい成績をとったか、いつも比べあっていますが、同時に、どれだけそのテストに対して勉強したかは、たいていの生徒がうそをついているようです。これは、たくさん勉強しなければならない自分が、「がり勉」と見られるのを恐れるからだと、思います。しかし、これは馬鹿げたことだと思います。なぜかというと、だれもが、良い成績をあげるためには、一生懸命勉強するしかないことを、心のすみでは理解しているからです。

わたしが高校の最終学年で、一生懸命勉強した(それを友達に、言ったかどうかは別として)おかげで、全米メリット奨学金の最終予選の一人に選ばれ、素晴らしい大学に、授業料半額の奨学金を得て入学することができました。わたしは、本当に一生懸命勉強してよかったと思います。なぜなら今、南カルフォルニア大学で専攻している神経科学が、とてもおもしろいからです。

自分でもよくわからないことですが、数学のクラスでいつも最高の成績をとっていたにもかかわらず、わたしは、よく自分は数学があまり得意でないと言っていた(そして、自分でもそう思っていた)ことです。そして今でも、ときどきは、そう感じるときがあるのです。わたしは、これがどこからきているのか、はっきり確信しているわけではないですが、たぶん、わたしが複雑な数学の計算などで、単純なミス――足し算とか引き算など(わたしは、よくこういうミスをするのですが)――

をしたときに、自分自身にとても強く怒りをぶつけるという事実が関係していると思います。わたしは、本当にいつも、自分自身がこういう種類のミスを犯すことが許せなくて、ひどく自分を傷つけたものです。（こういうミスは、今でもするのですが。）そして、それが数学に対して、自信を持つことを妨げてきたと思います。だれでもこういうことをしがちなので、気をつけたほうがいいと思います。

わたしがこれまでに学んだことの一つは、何かあなたがうまくできなくて苦しんでいることがあっても、決してそれをあきらめたり、それによって自分が劣っていると感じたりすべきではないということです。だれにでも、強いところ、弱いところはあるのだから。あなたがもし、数学の宿題に困っていたら、同じように悩んでいる友人を探して、いっしょに勉強することです。そうすれば、少なくともあなただけが困っているという気持ちからは、解放されるでしょう。

そして、完璧な人間などいないことを忘れないでください。わたしたちにできることは、わたしたちの最善を尽くすように、努力することだけです。そうすれば、わたしたちが良かったと思えることが、たくさんあるはずです。

# $x$について解く：文章題

いつも温かで、なんともいえない感情をもたらしてくれる、古くからある、しかし時間を超越したものがいくつかあります。たとえばロメオとジュリエット、チョコレートとピーナツバター、マッシュドポテトとグレービー、$x$について解くことと文章題…。

うーん、最後のには、温かでなんともいえない感情というのは、余り無いかもしれません。

でも、思ったほど悪いものでもないのです。そして、どうやって$x$について解くかを知ることは、複雑な文章題を解くときに、とても役に立つのです。実際、その問題をはるかに簡単に解く手助けをしてくれるのです。

次の表は、95ページで紹介されたものですが、覚えているでしょうか？ わたしたちがそれをはじめて見たときには、日常語から、数学の言葉にどうやって“翻訳する”かを学んでいました。さて今度は、これに変数の$x$や$y$を加えることができます。この章のはじめから終わりまで、この表は、日常語を“数学の文章”に翻訳するのに、重宝するでしょう。

| 言葉(日常語) | 数学 |
|---|---|
| 「の」(ただし、二つの数が直接、「の」の前後にあるときのみ) | × 掛け算 |
| 「――あたり」、「商」、「――につき」 | ÷ 割り算 |
| 「和」、「合計」、「より大きい」 | ＋ 足し算 |
| 「差」、「より小さい」 | － 引き算 |
| 「は、…である」、「が、…である」 | ＝ 等号 |
| 何、いくら | $x$ や $y$ や $m$ など(わたしたちが、まだわからない数につけたあだ名のようなもの) |

たとえば、「30 の 3% は、何ですか？」という文章を考えてみましょう。あなたは、これを実際、一語一語数学の言葉に翻訳することができます。

「何(what)」→ $y$(これが、わたしたちのわからないものです。)

「です(is)」 → 等号 '＝'

「の(of)」 → 掛け算(「の」の前後に直接二つの数が来ている。)

というわけで、わたしたちは、次を得ます。

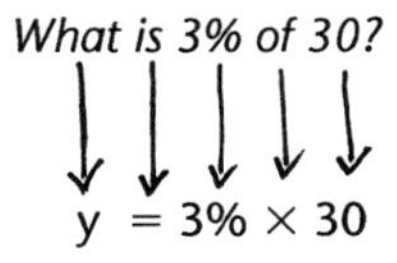

そして、その問題を解くときには、$y$ について解くわけです。$y$ について解くためには、まず3％を小数に直して、$y = 0.03 \times 30 = 0.9$ なので、答えは $y = 0.9$ となります。

あなたが何を考えているか、わかります。「なぜ、$x$ や $y$ を使う必要があるのですか？　なぜ直接、答えを出すことはできないのですか？」はい、その通り、あなたは、$y$ なしでも解くことは可能です。しかしこうすることによって、あなたは $y$ を使う練習ができて、代数を学ぶ準備が整っていくわけです。

別の問題を見てみましょう。何(what)を3倍(times)すると、12になり(equals)ますか？

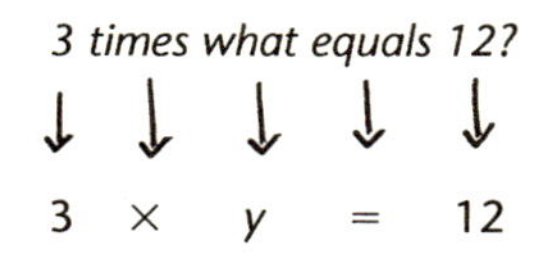


これは、$3y = 12$ といっしょ(掛け算の記号を集めた179ページの注意書き参照)です。わたしたちが、$x$ について解くやり方を使うと、ここで、$y$ を小さな箱(なぜなら本当に、どんなあだ名を使ってもいいのですから)に書き直すことが可能です。

$$3\square = 12$$

両辺を3で割って、3の約分を実行する。

$$\frac{\cancel{3}\square}{\cancel{3}} = \frac{\cancel{12}^{\,4}}{\cancel{3}}$$

というわけで、□＝4が得られます。答え：$y=4$。

## お買い上げの方へのおまけ…再登場

前章で、‘お買い上げの方に、無料プレゼント’の袋の中に、口紅が入っていた例を覚えていますか？ それを、「文章題」の設定の中で見てみましょう。さぁ、始めます。

サマンサは、‘お買い上げの方に、無料プレゼント’の袋に口紅を何本か持っていますが、それがいったい何本なのか知りません。彼女の友達のシェリルが、その袋を手にとり、どうにかしてその中身を二倍にしました。それからシェリルは、袋の中から3本だけ抜き取り、袋をサマンサに戻しました。

a. はじめに、サマンサが持っていた口紅の量に比べて、サマンサは何本の口紅を持っているでしょう？

b. そして、ここが新しいところです。もしもシェリルがその袋を戻したとき、サマンサがはじめに持っていたのと同じ本数の口紅が残っているとしたら、どうでしょう？ そうなるためには、サマンサははじめに、何本の口紅を持っていましたか？

答え：

a. もしも、サマンサが$S$本の口紅からスタートしたとすると、彼女は今、$2S-3$本の口紅を持っていることになります。（この問題は、181–182ページで見ました。）

b. さて問題は、最後の本数が、はじめの本数と同じと言っているのですが、実際にわたしたちが知りたいのは、そこのところです。さぁ、これを数学の言葉に直しましょう。はじめに何本持っていたのでしょう？ そう、それは $S$ 本でした。そして、最後の本数は何本でしたか？ それは、$2S-3$ 本でした。

さぁ、二つの本数が等しいという方程式(等式)を立ててみましょう。それから、それを $S$ について解くのです。さて、ここであなたは、「どんな理由で、その二つが等しいと仮定できるのですか？」と、たずねるかもしれません。でも思い出してください、わたしたちは、「もし、…だとしたら」というゲームをしていると思うことができるのです。もしも、二つの本数 $S$ と $2S-3$ が互いに等しいとしたら、どんなことになるでしょう？

それが正しくなるためには、$S$ はどんな数であるべきでしょう？ それらを等号でむすんで、それを $S$ について解くと何が得られるか、見てみましょう。

$$S = 2S - 3$$

もし、わたしたちが、この等式を正しくする $S$ をみつけることができたら、わたしたちはこの問題を解いたことになるのです。

代数を使った文章題の中では、一旦、あなたが自分で書いた数学の文章に慣れてしまえば、方程式を解く部分は、実は一番やさしいところなのです。

$S$ について解く：目標は、$S$ を一つだけで孤立させることでした。というわけで、わたしたちはまず、$S$を片側に寄せることを考えましょう。(ここでこの方程式を、$S$のかわりに□を使って書き直すこともできますが、この問題については、もし変数を使うとどうなるかお見せしましょう。)まず、両辺から$S$を引くと次の式が得られます。

$$S = 2S - 3$$
$$\to S - \boldsymbol{S} = 2S - \boldsymbol{S} - 3$$

(二箱から一箱引くと、一箱残ることを思い出しましょう。)

$$\to 0 = S - 3$$

さて、まだ$S$を孤立させていないので、両辺に3を加えましょう。

$$\to 0 + \boldsymbol{3} = S - 3 + \boldsymbol{3}$$
$$\to 3 = S$$

そして、見てください。$S$を孤立させることができたら、わたしたちはもう、答えをみつけることができました。このように、答えをみつけたときはいつも、はじめの問題に立ち戻って、その答えが問題を解くことになっているか確認しましょう。

もし、サマンサが3本の口紅から出発したのであれば、シェリルがそれを二倍にすることによって、それらは6本になっていたはずです。そこからシェリルが3本抜いたあとで、サマンサに残ったのは、$6 - 3 = 3$で、3本の口紅というわけです。その通り、はじめの本数と最後の本数が同じなので、わたしたちは正しかったのです。

みんなの意見

「ここ数年、わたしの先生たちは、数学がいかに頭をよくするのによい道具か、いかに頭を研ぎ澄まし続ける手助けになるかを説明し続けてきました。それは、本当だと思う。だから、数学をすることが、前ほどいやではなくなりました。」ケーラ（16歳）

「わたしは、本当に数学が好きでした。数学が難しくなる前には、数学を楽しんでやっていました。わたしは、どうやればいいのか理解できる限り、数学が楽しいのだと思います。」ジュレイマ（14歳）

練習問題

次に挙げる表現を、次の変数を使って“数学語”に翻訳し、それを使って問題を解きましょう。はじめの問題は、わたしがしてみせましょう。

1. ケリーは、全く同じドレスを三着買いました。それらはすべて同じ値段でした。一着の値段を $d$ としましょう。買い物の途中で、20 ドルの指輪も買いました。

a. あだ名 $d$ を使うと、ケリーはいくら使ったことになりますか？（税金は、かからなかったと仮定します。）

b. もし、彼女が合計で 110 ドル使ったとすると、一着の価格はいくらだったでしょう？ 言い換えると、$d$ について解きなさい。

c. もしも、彼女が使ったのは全部で 140 ドルだったとすると、一着分の値段はいくらだったでしょう？

解：

a. もし、一着のドレスの価格が $d$ とすると、三着では $3\times d$ あるいは $3d$ となる。彼女は指輪に 20 ドル使ったので、合計では、$d$ を使うと $3d+20$ 消費したことになる。

b. さて、わたしたちは、合計で 110 ドルになったと言っているので、等式

$$110=3d+20$$

が得られる。そして、わたしたちがこれを $d$ について解けば、この式を正しくする $d$ を求めることができる。これがどう役に立つのか、見てみましょう。わたしたちは、ここでも“もし、…だとしたら”ゲームをしていることになります。‘もし、最終的な支払い額が 110 ドルだったとしたら’その等式を正しいものにするためには、どんな $d$ ──そのドレスの価格──が必要でしょう？ 次のステップに移る前に、このことが、本当に納得できるようにしましょう。そして、$d$ について解くにあたっては、普通の数はすべて片側に来るようにしましょう。そして、文字が付いている部分は反対の側に寄せられるように、両辺から 20 を引き

算します。

$$110 - \mathbf{20} = 3d + 20 - \mathbf{20}$$
$$\rightarrow 90 = 3d$$

さあ、両辺を 3 で割りましょう。

$$\frac{90}{3} = \frac{3d}{3}$$

$$\frac{\overset{30}{\cancel{90}}}{\cancel{3}} = \frac{\cancel{3}d}{\cancel{3}}$$

$$30 = d$$

つまり、もしも合計が 110 ドルだったとすると、ドレス一着につき、30 ドル払ったことになります。

c. もしも合計が 140 ドルだったとして、次の等式を立てます（前問と比べて、違っているところは合計だけなので）。

$$140 = 3d + 20$$

同じ手順を踏むと、次のようになります。

$$140 - \mathbf{20} = 3d + 20 - \mathbf{20}$$
$$\rightarrow 120 = 3d$$

$$\frac{\overset{40}{\cancel{120}}}{\cancel{3}} = \frac{\cancel{3}d}{\cancel{3}} \rightarrow \$40 = d$$

だから、合計が 140 ドルだったとすると、ドレス一着の値段は 40 ドルだったことになります。

答え：

a. $3d+20$

b. 30 ドル

c. 40 ドル

2. ブランドンが、彼のガールフレンドに 4 枚の壁に飾るポスターを買ったとします。彼女はタンゴの大ファンなので、すべてタンゴダンスに関係したものでなければいけませんでした。それぞれのポスターの価格は、まったく同じだったとします。一枚のタンゴのポスターの価格が、$p$ だったとしましょう。その店で彼は、映画作りに関する本も買いました。その本の値段は 15 ドルでした。

a. 変数 $p$ を使うと、その店でブランドンが支払ったのは、合計でいくらだったでしょう？

b. もしも、ブランドンが支払った合計が 95 ドルだったとすると、ポスター一枚に、いくらかかったことになりますか？ 言い換えると、$p$ の値を求めなさい。

3. わたしは、昨年のクリスマス・プレゼントに、まったく同じチョコレートを 5 箱買いました。一箱に、$c$ 個のチョコレートが入っていたとしましょう。わたしがそのプレゼントを包んでいる間に、そのうちの一箱から 6 個のチョコレートを食べたとします。そう、一箱は、自分に対するプレゼントだったからです。

a. 変数 $c$ を使うと、全部で何個のチョコレートが残っていたでしょう？

b. もしもそのとき、全部で 69 個のチョコレートが残っているとしたら、一箱には全部で何個のチョコレートが入っていたことになりますか？

4. ルーシーが、ヴィクトリアに向かって言いました。「来年には、わたしの年齢は、今日現在のあなたの年齢の二倍になるのです。」さて、ヴィクトリアの今日現在の年齢を $v$ としましょう。

a. 変数 $v$ を使って表すと、来年のルーシーの年齢は、いくつになりますか？

b. 今日現在のルーシーの年齢を $v$ で、表しなさい。

c. もしも、ルーシーの今日現在の年齢が 15 歳だったとすると、ヴィクトリアの今日現在の年齢は、何歳ですか？

## この章のおさらい

- 代数を使って文章題を解くときは、他の文章題を解くときと同じように、日常語を数学の言葉に「翻訳する」必要があります。代数を使うと、「何」とか「いくら」という言葉は、変数として、翻訳することができます。

- 変数 $x$ や $y$ を使うことには慣れが必要なので、しばらくのあいだ、不自然に感じても心配いりません。例の真珠入りの袋($x$ とは、一袋の真珠のことでした)の考え方を思い出しましょう。そして必要ならば、何度でも第20章に戻って、繰り返せばいいのですから。

## 最後に一言

この本が、皆さんの役に立ってくれることを祈ります。そして、忘れたことを思い出すために、何度も何度もこの本に立ち返ってくれることを希望します。この本を通して、これらの数学的な概念をよりよく理解しようとしているあなたを誇りに思います。わたしはあなたに、数学の問題を解くことが楽しく感じられるように、そして数学に自信をもつようになって欲しいと思っています。そしてわたしは、あなたならそれができると信じています。

数学は、誰にとっても難しいのです。それを理解するには、時間と忍耐が必要です。だから、ちょっとうまくいかないからというだけで、自分自身をあきらめてはいけません。誰でも、ときどきそう感じるのですから。誰でもです。あなたがあなた自身になるためには、こういういらいらや、ゆきづまった気持ちが必要なのですから。

そういうときは、止めたくなるときですが、そこを押してとにかくやり続けるのです。他の人たちから自分を孤立させて、どんなキャリアを選んだとしても人生を生き抜いていくだけの、忍耐力と力強さを培うのです。

わたしのホームページmathdoesntsuck.com（英語）を訪れて、気軽にわたしに質問したり、コメントを残したりしてください。これは、一方通行である必要はないのです。わたしは、あなたの話を聞きたいのです。

数学は、難しいこともときどきあるけれど、けっして最悪ではなく、反対に、頭がいいことはとても魅力的なことなのです。

Love,

Danica

# 練習問題の答え

**p.7**

**2.** 0.4　**3.** 0.125　**4.** 1.5

**p.10**

**2.** 1.2　**3.** 2.75　**4.** 3.5

**p.16**

**2.** $0.2\overline{6}$　**3.** 0.4　**4.** $0.\overline{69}$　**5.** $1.\overline{1}$

**p.34**

**2.** $\frac{4}{5}$　**3.** $\frac{8}{9}$　**4.** $\frac{3}{2}$ $\left(1\frac{1}{2}\right)$　**5.** $\frac{14}{9}$ $\left(1\frac{5}{9}\right)$

**p.54**

**2.** 0.05　**3.** 75%　**4.** 5　**5.** 0.0009　**6.** 144%

**7.** 0.005

**p.61**

**2.** $\frac{1}{4}$　**3.** $\frac{1}{500}$　**4.** 45 ドル

**p.64**

**2.** 50%　**3.** 150%　**4.** 400%

**p.74**

**2.** 0.08, 8%, $\frac{2}{25}$　**3.** 5, 500%, $\frac{5}{1}$　**4.** 0.75, 75%, $\frac{3}{4}$

**5.** 0.025, 2.5%, $\frac{1}{40}$　**6.** 0.004, 0.4%, $\frac{1}{250}$

**p.77**

**2.** 16%, $\frac{1}{6}$, 0.19　**3.** $\frac{7}{4}$, $1\frac{4}{5}$, 200%

**4.** $\frac{8}{9}$, 0.889, 89%

**p.89**

**2.** $0.6 \times 10$　**3.** $\frac{1}{3} \times 30$　**4.** $0.16 \times \frac{1}{3} \times 600$

**5.** $10 - (0.6 \times 10)$ または $0.4 \times 10$

**p.93**

**2.** 21 ドル　**3.** 80 ドル　**4.** 1 号あたり 1.50 ドル。年間 18 ドル。

**p.105**

**2.** 4 に対して 3、4：3、$\frac{4}{3}$

**3.** 3 に対して 1、3：1、$\frac{3}{1}$

**4.** 10 に対して 1、10：1、$\frac{10}{1}$

**5.** 5 に対して 3、5：3、$\frac{5}{3}$

**p.118**

**2.** 1 日あたり 6.4 マイル　**3.** $\frac{5\text{人}}{7\text{台}}$

**4.** 1 本あたり 2.50 ドル　**5.** 1 フートあたり 0.90 ドル

**p.140**

**2.** $m = 24$　**3.** $m = 12$　**4.** $m = 20$

**p.149**

**2.** 12 分 30 秒　**3.** 小さじ $\frac{1}{4}$　**4.** $1\frac{1}{4}$ 袋

**p.167**

**2.** 6 マイル $\approx$ 9.66 km　**3.** 5 フィート $\approx$ 1.525 m

**4.** 42 個 ＝ 140 本　**5.** 36 パイント ＝ 4.5 ガロン

**p.182**

**2.** $x + 3$　**3.** $m - 7$　**4.** $2c - 3$

**p.200**

**2.** $x = 18$　**3.** $x = 2$　**4.** $x = 10$　**5.** $x = 5$

**6.** $x = 1$

**p.211**

**2a.** $4p + 15$　**2b.** 20 ドル　**3a.** $5c - 6$　**3b.** 15 個

**4a.** $2v$　**4b.** $2v - 1$　**4c.** 8 歳

# 続・数学のトラブル解決ガイド

困っていますか？ つぎのような症状に覚えはありますか？ あなたの答えは、ここで見つかります。

4.「自分では理解できたと思ったのに、宿題を間違えてしまう。」

5.「宿題はできるのに、いざ試験となると頭が働かず、何も思い出せなくなる。」

## トラブル4：自分では理解できたと思ったのに、宿題を間違えてしまう

**問題**：いつも宿題をするとき、不注意な間違いをしてしまう。あなたは、その概念は理解したと思ったのだけれど、正しい答えが得られそうにない。
**解決法1**：問題文をよく読む。
**解決法2**：あわてて宿題を済ませない。
**解決法3**：紙の節約は後回し。

あなたは、肩掛けかばんの中に、子犬を入れて歩いている女の人を見たことがありますか？ 実際、‘子犬が入るかばん’を販売しているお店があって、小型犬や子犬が持ち運べるように作られているのです。たぶん、そん

なお店の一つは、次のような看板を掲げているかもしれません。

この看板のどこか、おかしいところに気が付きましたか？ あなたは、本当に注意を払って読みましたか？

もう一度、読んでみてください。

あなたがはじめてその看板を見て、何かがおかしいことに気づいたとするとあなたは、人口の 1% に属する人かもしれません。

たいていの人はこれを読んで、「子犬の携帯用バッグ」と書いてあると思うはずです。でも実際には、「子犬の携帯用バツグ」と書いてあるのに、たいていの人は、ツが小さいッではないことを見逃してしまうのです。

どうしてこんなことが起こるのでしょう？ 理由は、大きな「ツ」がそこにあることを期待していないからなのです。事実わたしたちは、それが小さい「ッ」であることを期待して見てしまうからなのです。わたしたちの脳は先回りをして、そこに実際に書かれていることではなくて、わたしたちが予想していることを読んだと思って、理解してしまうのです。

同じことが、数学の問題を読んでいるときにも起こるのです。あなたが数学の宿題をするときや、テストを受けているときは、常に、問題の指示をよく読むことです。たとえ、あなたがその指示(と、問題文)を読んだと思っても、一語一語十分に注意を払わない限り、あなたは本当には、それらを読んではいないのです。

**解決法 1：問題文をよく読む**

この解決法は、馬鹿にあたりまえのことに見えるかもしれませんが、実際そこにあることではなく、自分がそこにあると期待したことを読んでしまうというわたしたちの心理現象は、驚くばかりです。数学に対してだけ起こることではないのです。子犬の看板について思い出してください。

**解決法 2：あわてて宿題を済ませない**

わかります、わかります。だれも、数学の宿題を絶対必要な時間よりも、長く続けたいと思う人はいないでしょう。たいていの人は近道をして、人間の能力の範囲内で、できるだけ早く宿題を終わらせたいと思うことでしょう。

わたしたちはだれでも、近道が好きです。いいじゃないですか？ 近道は、わたしたちの人生を効率良くしてくれる。そうでしょう？ ときにはその通りでしょう。しかしこれから、あなたにちょっとした秘密を明かしましょう。あなたが数学の宿題をするときに、あまり近道をしないほうが、いらいらを減らし、たいていのあなたの不注意なミスから、あなたを守ってくれるのです。

あなたの先生はときどき、「あなたの途中の式を見せてください。」と、言ったりすることでしょう。実際、これには、正当な理由があるのです。たいていの人は早く終わらせようとして、自分でも気づかないところで間違ってしまうのです。なぜかというと、その途中を書き出したりしないからです。

わたしは、こういうことになるのは大嫌いなのです。何ページも何ページも使って、どこが間違っているのかつきとめる羽目に陥るからです。この過程がいかにかかる時間を伸ばしていることになるか、わかっていただけたでしょうか？ そこでもし、その反対にすべての成り行きを書き出してみたら、不注意なミスを犯す確率も減るというものです。そしてすべて書き出しておけば、どこで間違えたかも、はるかに簡単に見つけ出すことができるようになるのです。

聞いてください。こういうことは、時間の無駄のように聞こえるかもしれません。わたし自身がはじめ、そう思ったのですから。しかし、わたしの言いたいことを聞いてください。これは、はじめには少し余分に時間がかかるかもしれませんが、あとでどれだけのいらいらを解消してくれるかわかりません。わたしが保証します。

そしてもっと多くの場合、あなたが正しい答えが得られるようになると、あなたは、思った以上に自分が数学を理解しはじめたことに、気が付くでしょう。

**解決法 3：紙の節約は後回し**

あなたが数学の宿題をするときには、十分ノートのスペースを使いましょう。

あなたが環境を大事に思い、紙を節約したいと思うのは素晴らしいことですが、数学の宿題をするときには、節約は後回しです。わかりましたか？　数学の宿題をしているときには、紙の節約は忘れましょう。

そう、あなたが紙の保存に努めたい気持ちは、わかります。わたしが中学のときは、いつも、なるだけたくさんの問題を宿題の紙に押し込もうと努力したものです。それが、もっとも効果的なことのように思われたのです。そして、より少ない枚数のノートを提出することに、喜びを感じていたものでした。

たとえば、ほとんどすべての問題が一枚の紙に収まりそうなときは、どんな犠牲を払ってでも、すべての問題を一枚に書いてしまう努力をしたものです。わたしは、それらをできる限りをつくして、押し込んだものでした。「ハーッ！　これで、宿題が終わった。それだけでなく、全部を一枚の紙に納めることに成功した。」ぎゅうぎゅうに詰め込むこと自体、余分な勲章かなにかのように思ったものでした。それ自身が一つの仕事を成し遂げたように、感じられたものでした。

まるで、あなたのようですか？

もしそうだとすると、あなたは、こういう考え方が馬鹿げていることを認めるべきです。本当の所、あなたが宿題でノートを節約したからといって、何も利点はないのです。むしろ、悪いことが、たくさんあるのです。

第一に、ノートを節約することに“使命”を感じることが、あなたの宿題に集中する気持ちをじゃまするこことになります。あなたの気持ちが分散すると、間違いをしやすくなるのです。わたしがそうだったので、それは本当のことです。

第二に、最後のいくつかの問題を小さい所に押し込むために、あなたの字はだんだん小さくなり、あなたがやったことを読むことがもっとむずかしくなり、間違いをしやすくなるのです。

第三に、あなたが数ページになんでも押し込もうとすると、解答の中で必要な段階をとばして、スペースを節約しようとする傾向になりがちです。そして上記で見たように、あなたの解答の中で段階を飛ばすと必ず、あなたが間違える機会を増やすことになります。そして、あとから間違いを見つけることをよりむずかしくしてしまうのです。

わたしが親しくしている中学生のトーリーが言うのには、彼女は鉛筆の芯を節約するために、分数の計算の途中の段階をスキップしているというのです。そうです。彼女は、鉛筆の芯を節約しようとしているのです。でもよく考えてみると、これは、ノートの使用ページ数を節約しようとしているのと、大差がないではありませんか？（現実的に考えましょう。節約した紙は、あとでリサイクルできますか？）このような考え方は、いったいどこから来たのでしょう？　これは、環境保存の考えから来たのでしょうか？　それとも、自分たちは効果的に仕事をしていると感じたい欲望からでしょうか？　わたしに言わせてもらえば、それは両方から少しずつ来ていることだと思います。しかし基本に戻って考えれば、あなたが計算ミスを減らしたほうが、あなたの効率は実際に向上するでしょう。

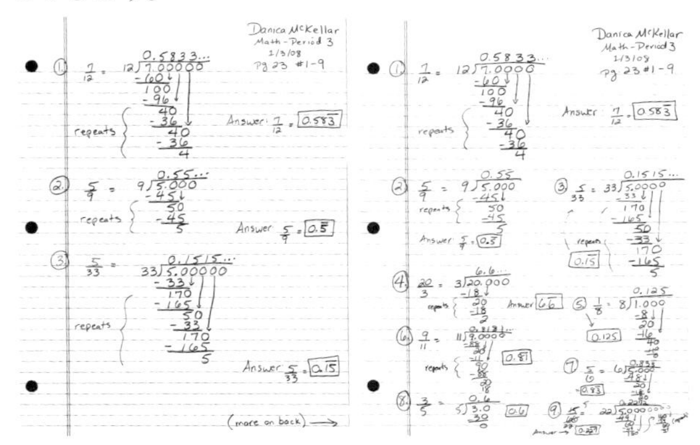


ですからかまわずに、十分なスペースを使って計算しましょう。あなたが必要なだけ、紙を使いましょう。そして、もしあなたが1ページに一つの問題しか書けなかったとしたらですって？　それは、あなたがその問題をあきらめず、しっかり解く覚悟を決めているということを意味していると、わたしは思います。

## きちんとこぎれいに

女の子たちは、自分たちの宿題帳がきちんとこぎれいに見えることを好みます。彼女たちは、みみずが這ったようなノートは嫌いなのです。多くの点で、これはいい傾向と言えます。きちんと書かれたノートからのほうが、間違いが見つけやすいからです。

これについての問題点といえば、きちんときれいに書こうとすると考えることのほうが主になって、実際にノートに書くことが少なくなってしまうことです。これは、間違える機会を増やすことにつながるのです。あなたがたくさん書き出せば書き出すほど、あなたが何をしているのか理解することが容易になるのです。実際に問題を解くスピードも、速くなるのです。たくさん書くことで時間がとられるように見えるかもしれませんが、一般に、書くことであなたの考えをはっきりさせることができるので、より短時間に解答がみつかるというわけです。

でも、書き散らしになって、きたなくなってしまう。

では、そういうとき、きれいに保ちたいあなたはどうしたらいいでしょう？ どうやったら宿題帳をきたなくせずに、わたしたちの考えをすべて書き出し、可能な限りの解法を試すことができるでしょう？

そういう人には、宿題をするときに、宿題帳とは別に計算用紙を準備することをお奨めします。問題をその計算用紙に解きはじめるのです。あなたが考えたことをすべて書き出し、どういうふうに解くかもすべて記録してから、宿題帳には、そのもっとも大事なステップだけをきれいに書き写せばいいのです。

先生によっては、'あなたの解法の途中経過をすべて書き出しなさい。' と言うかもしれません。その場合は、あなたのきたない半分実験的な計算用紙の中から、そのいくつかをあなたのきれいな宿題帳に書き写せばいいのです。それでも、何を書くかの選択権は、あなたにあるのですから。

あなたが宿題を終えたあと、あなたがその計算用紙を見返すと、いくつか馬鹿げた考え方を見つけるかもしれません。そのときは、うまくいかなかった方法の上に、バツ印をつけておきましょう。それから、その計算用紙を期末試験が終わるまで、とっておきましょう。それを、学校用のバインダーにとっておく必要はありません。たぶんそれは、もうすでにいっぱいになっているでしょうから。それは家のどこかに、べつのフォルダーにとっておきましょう。

あなたが、試験勉強をしているときや、宿題の復習をしているときに、「さて、どうやってわたしは、この答えに達したのだろう？」と、自問することがあるかもしれません。そんなとき、あなたの計算用紙の存在はたいへんありがたく感じられるでしょう。なぜなら、どうやってその答えにいたったか、その用紙が事細かに示してくれるからです。

それから学校によっては、宿題の提出からそれが戻ってくるまで、大変時間がかかることがあります。ですからその計算用紙は、宿題が戻ってこないけれど試験勉強をしなければならないときに、たいへん重宝します。

あなたは、まるで、「この計算用紙をとっておいた自分に感謝したい。わたしって、本当に天才的！」そうです、ある時点(将来的にです)で、あなたは過去の自分自身と会話することになるでしょう。少し、気味が悪いとは思いませんか？

次に、計算用紙に解いた問題と、それを‘きちんときれいに’宿題帳にまとめた例をお見せします。

**例**　あなたは、28ドルのスカーフをよほど買おうと思ったのですが、次の店に行ったところ、同じスカーフが 24 ドルの値段で売られていただけでなく、$\frac{1}{3}$ 割り引きの札がついていました。もしあなたが、最初の店でそのスカーフを購入していたとしたら、どれだけ多く支払ったことになりましたか？

First store's price: $28
Second store's price: $24 - with 1/3 off
First: Find second store's price -
what is $\frac{1}{3}$ of 24? → $\frac{1}{3} \times 24$
→ $\frac{1}{3} \times 24 = \frac{1}{3} \times \frac{24}{1} = \frac{24}{3} = \frac{8}{1} = \$8$
So, $\frac{1}{3}$ off of $24 = $24 - $8 = $16 : second store's price.
Compare to first store's price: $28 - $16 = $12
Answer: I would have spent $12 more at the first store.

First store's price: $28
Second store's price: $24, with 1/3 off.
$\frac{1}{3}$ of 24 = $\frac{1}{3} \times 24$ = 8
so: $\frac{1}{3}$ off of 24 = 24 - 8 = 16. $28 - $16 = $12
Answer: $12

あなたは、わたしがその計算用紙にいろいろ書きすぎていると思うかもしれません。それは、良いことなのです。あなたは、計算用紙に書きすぎるということは、決してないのですから。そう、落書きだってできるのですから。

## トラブル5：宿題はできるのに、いざ試験となると頭が働かず、何も思い出せなくなる

**問題：**先生が数学の試験用紙を配りはじめると、首の後ろのあたりにいやな感じが走りますか？ 試験をはじめようとすると、頭の中が突然、真っ白になりますか？
**解決法1：**試験全体をざっと見渡して、易しい問題から解きはじめる。
**解決法2：**気の持ちよう。

### 解決法1：試験に飲まれない。はじめにざっと全体を見渡すことによって、試験の主導権を握る

数学の試験問題を手渡されて、はじめの問題(それは、まるでギリシャ語かなにかで書かれているように、まるで見慣れないものでした)をみたとたんに、胃が下がるように感じたことはありますか？ それは世の中で、最悪の感情で、わたしたちのほとんどが、よく知っている感情でもあります。

解決法ですか？ はじめに試験問題全体をざっとながめて、テストに飲まれる前に、主導権を握ってしまうことです。これは、‘さぁ、おなじみになりましょう’の段階です。たとえば、「こんにちは、テストさん。あなたと少しお近づきになりましょう。」これは、ある家を訪れる前に、明かりをつけるようなものです。あなたはむしろ暗くて、恐ろしそうな廊下をゆっくりと歩くほうが好きですか？ それとも、全部のライトをつけて、さっと家の中

を親しげに見回して、あとで驚くことがないようにしたいですか？

あなたがざっと試験に目を通しているとき、もっとも見慣れていて、できそうな問題に軽く丸をつけましょう。まだ、どれも解いてはいけません。最後までまず、ざっと目と通します。それまでには、あなたの目の前にいるテストという怪物がどんなものか、おおよその察しはつくようになっているはずです。

いったん、あなたがテスト全体に目を通してしまったら、元にもどって、易しい問題から解きはじめましょう。あなたが一番目の問題を最初にしなければならない理由は、どこにもないのですから。どの問題からはじめるか、あなたが選ぶことによって、テストに、誰がテストの主導権を握っているのか知らせましょう。結局のところ、ここで問題なのは、主導権を握っているのがその小さなテスト用紙なのか、あなたなのかなのです。

### 解決法 2：気の持ちよう

わたしたちが何かを恐れると、わたしたちのからだは、実際に生理的に反応するのです。‘戦うか逃げるか反応’と呼ばれるものです。

昔々、わたしたちが洞穴に住んでいたころには、‘恐怖’とは、一般にわたしたちを食べようとする大きな動物に対面することを意味していました。そして、わたしたちが恐れをいだいたときには、わたしたちの体は、アドレナリンと呼ばれるホルモンをわたしたちの体内に供給するのです。そしてそのホルモンは、わたしたちの心臓のポンプを速く回すことで、‘戦うか逃げるか反応’にそなえて、準備をしてくれるのです。つまり、その野獣と戦うか、それから逃げるかすることです。

不幸にしてアドレナリンは、わたしたちが心を十分に落ち着けて数学の問題に取り組めるだけリラックスし、冷静に考えることの助けにはならないのです。事実、これが宿題とテストの大きな違いです。つまり、問題はどれだけ教科書のことを思い出せるか、ではなくて、合図とともに、‘演技’をしなければならないことに対する心理的なストレスと圧力が加わっていることなのです。（これは、わたしたちが知っての通り、ときどき野生の猛獣と面と向かうほど、恐いことと感じることがあるのです。）

では、どうやって、わたしたち自身を落ち着かせることができるのでしょう？　その第一歩は単に、わたしたちはそれができるのだということを認識することです。すべては、わたしたちの頭の中で起こっていることなのですから。

ダニカの日記から・・・ブラジリアンワックス脱毛、最高の幸せ（そう思ってみたい！）

ブラジリアンワックス脱毛って聞いたことがありますか？ それはとっても痛いのです。それをやってくれる人たちは、「楽にしてください。」と言うでしょう。そしてあなたは、楽にしようとするでしょうが、熱いワックスとガーゼがそれをとてもむずかしくするのです。

わたしは、わたしのはじめてのワックスを決して忘れないでしょう。わたしが緊張するたびに、よけいひどく痛むのです。はるかに痛いと感じるのです。あなたが自分自身に向かって「緊張しないで」と言うたびにあなたがしたいことは、唯一つ、緊張することだけなのが、人間の本性というものでしょう。

しかし、それから何回かのセッションと多くの痛みを経験した後、わたしは、自分を落ち着かせることができることを発見しました。精神力が肉体を上回るのには、信じがたいものがあります。わたしがしなければならなかったのは、バラ、虹そして、やわらかな雲のことを考えることだけでした。そしてそれは、それほど痛くはなかったのです。あやしげに聞こえるかもしれませんが、わたしの言いたいことは、実際にその方法が役に立つということです。（これは、いまだに信じがたいことなので、ときどき本当に効くのか試すために、わざと緊張してみることがあります。それからふわふわの雲を想像すると、ほとんどまったく痛みはなくなるのです。冗談ぬきで、本当のことです。)

これが、どう数学の試験と関係があるか、ですって？

かつて、わたしが大学生だったころ、同じ日に二つの数学の専門の期末試験があったのです。それぞれ三時間ずつかかる予定でした。状況をより悪くすることに、わたしの友人の一人が、あるとても大切な(そして、それは悪いかもしれない)ニュースをその日に知ることになるということがありました。わたしは、その日をどう乗り越えていいかわかりませんでした。わたしは親友のことをとても心配していたし、二つの数学の試験についても、神経質になっていました。

いよいよその日の朝、わたしの目ざまし時計のラジオが鳴り出しました。それは、本当に落ち着いた平和に満ちた音楽をかなでていました。それは、一度も聞いたことのない曲でした。その静かで落ち着いた気持ちが私自身を圧倒していくのを感じました。そしてわたしは、その日を無事に過ごすことができることが、確信できました。

二つのテスト中、わたしが友達のことやテストのことが心配になるたびに、一瞬だけ目を閉じてその歌のことを考えました。わたしは、その歌手がわたしに直接歌いかけているように想像しました。わたしは、とても温かく保護され、エネルギーを得ることができました。
　驚いたことに、わたしの体が楽になるとわたしの頭も落ち着いて、もっとはっきり考えることができるようになり、テストの問題が解けるようになったのです。（そしてもちろん、それぞれのテストのはじめに、テスト全体を見渡して簡単な問題から手をつけました。これは、わたしの神経質な気持ちをなだめるのに役立ちました。）
　ありがたいことに、その夜、わたしの親友も大丈夫であったことを知りました。

　あなたは、あなたを癒してくれるイメージや思い出、あるいは歌のようなものを持っていますか？ あなたがストレスを感じる状況で、あなたの体と心を落ち着かせてくれる道具として使うことができるものを持っていますか？ それを、ポストイットなどに書き出して、どこかあなたが数学のテストを受ける前に見ることができるところに、貼っておきましょう。これが、効くのです。
　恐怖心を克服すること、それは数学かもしれないし、人生のほかの問題かもしれませんが、たいていは心理的な作用がとても大きいのです。あなたは、自分をその恐怖から救うように訓練することができます。ただ、あなたに適した道具をみつけるのに時間がかかるだけです。数年間続けていくと、あなたの進歩の具合がわかるでしょう（特に、あなたが日記をつけているとはっきりわかるでしょう）。万人が、この方法で改善できるわけではないかもしれませんが、あなたは、自分にこの方法を使うと選択することができるのです。そしてあなたは、自分の時間をこの方法に投資するだけの価値があると、わかるときがきます。がんばってください。そしてわたしは、この本が数学とそれ以外のことで、あなたをよりよくする道具を提供することができることを希望します。

# 索　引

*斜体の数字は『文章題にいどむ篇』のページ数を表す。

### タ 行



### ハ 行



### マ 行



### ヤ 行

**ダニカ・マッケラー**（Danica McKellar）
1975年生まれ．カリフォルニア大学ロサンゼルス校を卒業．数学の学位を取得．青春ドラマ『素晴らしき日々』，ゲーム『鬼武者』英語版など現在は女優・声優として活躍．

**菅野仁子**
1954年，母，幸子の郷里，福島県相馬市にて出生．津田塾大学大学院にて結び目理論を学ぶ．都内で中高教師を務めたのち，渡米．ルイジアナ州立大学大学院にて「三正則および四正則グラフにおけるスプリッター定理」の博士論文で，2003年に博士号を取得．同年，ルイジアナ工科大学にて助教授．2018年，アップチャーチ准教授の称号を授与され，現在にいたる．位相幾何学的グラフ理論の分野における研究にいそしむかたわら，数学の美しさをできるだけ多くの人と共有することを夢みる．料理と散歩が趣味．

数学を嫌いにならないで　文章題にいどむ篇
ダニカ・マッケラー　　岩波ジュニア新書 877

2018年6月20日　第1刷発行

訳　者　菅野仁子（かんのじんこ）

発行者　岡本　厚

発行所　株式会社 岩波書店
〒101-8002 東京都千代田区一ツ橋 2-5-5
案内 03-5210-4000　営業部 03-5210-4111
ジュニア新書編集部 03-5210-4065
http://www.iwanami.co.jp/

印刷・理想社　カバー・精興社　製本・中永製本

ISBN 978-4-00-500877-3　　Printed in Japan

# 岩波ジュニア新書の発足に際して

きみたち若い世代は人生の出発点に立っています。きみたちの未来は大きな可能性に満ち、陽春の日のようにひかり輝いています。勉学に体力づくりに、明るくはつらつとした日々を送っていることでしょう。

しかしながら、現代の社会は、また、さまざまな矛盾をはらんでいます。営々として築かれた人類の歴史のなかで、幾千億の先達(せんだつ)たちの英知と努力によって、未知が究明され、人類の進歩がもたらされ、大きく文化として蓄積されてきました。にもかかわらず現代は、核戦争による人類絶滅の危機、貧富の差をはじめとするさまざまな人間的不平等、社会と科学の発展が一方においてもたらした環境の破壊、エネルギーや食糧問題の不安等々、来るべき二十一世紀を前にして、解決を迫られているたくさんの大きな課題がひしめいています。現実の世界はきわめて厳しく、人類の平和と発展のためには、きみたちの新しい英知と真摯(しんし)な努力が切実に必要とされています。

きみたちの前途には、こうした人類の明日の運命が託されています。ですから、たとえば現在の学校で生じているささいな「学力」の差、あるいは家庭環境などによる条件の違いにとらわれて、自分の将来を見限ったりはしないでほしいと思います。個々人の能力とか才能は、いつどこで開花するか計り知れないものがありますし、努力と鍛練の積み重ねの上にこそ切り開かれるものですから、簡単に可能性を放棄したり、容易に「現実」と妥協したりすることのないようにと願っています。

わたしたちは、これから人生を歩むきみたちが、生きることのほんとうの意味を問い、大きく明日をひらくことを心から期待して、ここに新たに岩波ジュニア新書を創刊します。現実に立ち向かうために必要とする知性、豊かな感性と想像力を、きみたちが自らのなかに育てるのに役立ててもらえるよう、すぐれた執筆者による適切な話題を、豊富な写真や挿絵とともに書き下ろしで提供します。若い世代の良き話し相手として、このシリーズを注目してください。わたしたちもまた、きみたちの明日に刮目(かつもく)しています。（一九七九年六月）

816 ＡＫＢ48、被災地へ行く　石原　真著

二〇一一年五月から現在まで一度も欠かすことなく続けられている被災地訪問活動。人気アイドルの知られざる活動の様子を紹介します。

817 森と山と川でたどるドイツ史　池上俊一著

魔女狩り、音楽の国、ユダヤ人迫害、環境先進国――ドイツの歩んだ光と影の歴史を、ゲルマン時代からの自然との関わりを軸にたどります。

818 戦後日本の経済と社会 ―平和共生のアジアへ―　石原享一著

民主化、高度成長、歪み、克服とつづく戦後。多くの課題に取り組んできた、その歩みをたどり、アジア諸国との共生の道を考える。

819 インカの世界を知る　木村秀雄・高野　潤著

天空の聖殿マチュピチュ、深い森に眠る神殿、謎に満ちた巨石…。神秘と謎に包まれたインカの魅力を多数の写真とともに紹介します。

820 詩の寺子屋　和合亮一著

詩は言葉のダンスだ。耳や心に残った言葉を集めて、かたまりをつくろう。それが詩になり、自分の心の記録、そして記憶になるんだ。

821 姜尚中と読む　夏目漱石　姜　尚中著

夏目漱石に心酔し、高校時代から現在まで何度も読み直してきた著者と一緒に、作品に込められた漱石の思いを読み解いてみませんか。

822 ジャーナリストという仕事　斎藤貴男著

マスコミ不信の拡大、ネットなどによるメディア環境の激変。いまジャーナリストの果たすべき役割とは？　自らの体験とともに熱く語ります。

823 地方自治のしくみがわかる本　村林　守著

憲法は強力な自治権を保障しており、住民は政策決定に間接・直接に関われる。暮らしをよくする地方自治と住民の役割を考えよう。

824 寿命はなぜ決まっているのか ―長生き遺伝子のヒミツ　小林武彦著

人はみな、なぜ老い、死ぬのか。「命の回数券」「長生き遺伝子」とは？ 老化とガンの関係は？ 細胞老化の研究者が、科学的な観点から解説します。

825 国際情勢に強くなる英語キーワード　明石和康著

アメリカ大統領選挙、英国のEU離脱、金融危機、地球温暖化、IS、TPPなど国際情勢を理解するために必要なニュース英語を解説します。

826 生命デザイン学入門　小川(西秋)葉子・太田邦史編著

エピゲノム、腸内フローラ……。多様な環境を生き抜く力をもつ生命のデザインを社会に適用する新しい学問の魅力を紹介します。

827 保健室の恋バナ＋α　金子由美子著

とまどいも多い思春期の恋愛。「性と愛」、「ココロとカラダ」はどうあるべきか？ 保健室で中学生と向き合ってきた著者が、あなたの悩みに答えます。

828 人生の答えは家庭科に聞け！　堀内かおる・南野忠晴著　和田フミ江画

高校生たちが抱える悩みを漫画で表し、それらを受けて家庭科のプロが考え方や生きるヒントをアドバイス。人生の決断を豊かにしてくれる一冊。

829 恋の相手は女の子　室井舞花著

初恋は女の子。わたしらしく生きたいと願いつづけた同性愛当事者が、自身の体験と多様性に寛容な社会への思いを語る。

830 通訳になりたい！ ―ゼロからめざせる10の道―　松下佳世著

東京オリンピックを控え、注目を集める通訳。スポーツ通訳、ボランティア通訳、会議通訳など現役の通訳者たちの声を通して通訳の仕事の魅力を探ります。

831 自分の顔が好きですか？ ―「顔」の心理学―　山口真美著

顔は心の窓です。視線や表情でのコミュニケーション、顔を覚えるコツ、第一印象は大切か、魅力的な顔とは？ 心理学で解き明かします。

832 10分で読む 日本の歴史
NHK「10min.ボックス」制作班編
NHKの中学・高校生向け番組「10min.ボックス 日本史」の書籍化。主要な出来事、重要人物、文化など重要ポイントを理解するのに役立ちます。

833 クマゼミから温暖化を考える
沼田英治著
分布域を西から東へと拡大しているクマゼミ。増加の原因は、温暖化が進んだことなのか？ 地道な調査・実験から温暖化との関係を明らかにする。

834 英語に好かれるとっておきの方法—4技能を身につける
横山カズ著
同時通訳者&受験生向け講座で人気の講師が、自らの体験を通じて導き出した、英語を自分のものにする独習法を熱く伝授します。

835 綾瀬はるか「戦争」を聞くII
TBSテレビ『NEWS23』取材班編
女優・綾瀬はるかが被爆者のもとを訪ねます。様々な思いを抱きながら戦後を生きてきた人々の言葉を通して平和の意味を考えます。

836 30代記者たちが出会った戦争—激戦地を歩く
共同通信社会部編
ガダルカナルなどで戦闘に加わった日本兵の証言を30代の記者が取材。どんな状況におかれ、生き延びたのか。現地の様子もふまえ戦地の実相を明らかにする。

837 地球温暖化は解決できるのか—パリ協定から未来へ！
小西雅子著
深刻化する温暖化のなかで私たちは何をしなければならないのでしょうか。世界と日本の温暖化対策と今後の課題をわかりやすく解説します。

838 ハッブル 宇宙を広げた男
家正則著
文武両道でハンサムなのに、性格だけは一癖あった？20世紀最大の天文学者が同時代の科学者たちと織りなす、栄光と挫折の一代記。(カラー2ページ)

839 ノーベル賞でつかむ現代科学
小山慶太著
日本人のノーベル賞受賞で注目を集める物質・生命・宇宙の3つのテーマにおける受賞の歴史と学問の歩みを解説。現代科学の展開と現在の概要が見えてくる。

840 徳川家が見た戦争　徳川宗英 著

二六〇年余の泰平をもたらした徳川時代、将軍家を支えた田安徳川家の第十一代当主が語る現代の平和論。二度と戦争を起こさないためには何が必要なのか。

841 研究するって面白い！ ―科学者になった11人の物語―　伊藤由佳理 編著

理系の専門分野で活躍する女性科学者11人による研究案内。研究内容やその魅力を伝えると共に、どのように進路を決め、今があるのかについても語ります。

842 紛争・対立・暴力 ―世界の地域から考える― 〈知の航海〉シリーズ　西崎文子 武内進一 編著

なぜ世界でテロや暴力が蔓延するのか。欧州の移民問題や中東のＩＳなど、宗教、人種・民族、貧困と格差が複雑に絡み合う現代社会の課題を解説。

843 期待はずれのドラフト1位 ―逆境からのそれぞれのリベンジ―　元永知宏 著

プロ野球選手として思い通りの成績を残せなくてもそこで人生が終わるわけではない。新たな挑戦を続ける元ドラフト1位選手たちの軌跡を追う！

844 上手な脳の使いかた　岩田誠 著

経験を積むことの重要性、失敗や叱られることの意味、失われた能力を取り戻すしくみ――脳のはたらきを知れば、使い方も見えてくる！　本当の「学び」とは何か？

845 方　言　萌　え !? ―ヴァーチャル方言を読み解く―　田中ゆかり 著

キブンを表すのに最適なヴァーチャル方言は、リアル方言にも影響を与えている。その関係から、日本語や日本社会の新たな断面が見えてくる。

846 女も男も生きやすい国、スウェーデン　三瓶恵子 著

男女平等政策を日々更新中のスウェーデン。その取り組みを具体的に紹介する。そこには日本の目指すべき未来がある。

847 王様でたどるイギリス史　池上俊一 著

「紅茶を飲む英国紳士」はなぜ生まれた？「料理がマズイ」は戦略？　個性的な王様たちのもとで醸成された文化と気質を深～く掘り下げ、イギリスの素顔に迫る！

848 財政から読みとく日本社会—君たちの未来のために— 井手英策 著

日本の財政のなりたちをわかりやすく解説し、新しい社会への選択肢を考えます。誰もが安心してくらせる社会をつくるためにできることは？

849 正しいコピペのすすめ—模倣、創造、著作権と私たち— 宮武久佳 著

デジタル機器やネットの普及でコピーが日常行為になった今、知っておくべきルールとは？　論文やレポートにも役立つ著作権の入門書。

850 聖徳太子—ほんとうの姿を求めて— 東野治之 著

仏像に残された銘文や、自筆とされるお経の注釈書など、さまざまな手がかりを読み解き、太子の謎の実像に迫ります。調べて考える歴史学って面白い！

851 日本一小さな農業高校の学校づくり—愛農高校、校舎たてかえ顚末記 品田茂 著

自主自立を学び、互いを尊重しあえる人を育む教育で知られる愛農高校のユニークな校舎づくり。みんなで力を合わせてつくった自分たちの学びの場とは？

852 東大留学生ディオンが見たニッポン ディオン・ン・ジェ・ティン 著

大好きな国・ニッポンに留学したディオンの見聞録。東大での日々で同世代や社会に感じた異論・戸惑い・共感を率直に語る。国際化にむけても示唆に富む一冊。

853 中学生になったら 宮下聡 著

勉強や進路、友達との関係に悩む中学生の日常に寄り添って、充実した三年間を送る方法をアドバイス。自ら考え判断し、行動する力を身につけたい生徒に最適。

854 質問する、問い返す—主体的に学ぶということ— 名古谷隆彦 著

「主体的に学ぶ」とは何か、「考える」とはどういうことなのか。多くの学校現場の取材をもとに主体的に学ぶことの意味を探る。

855 読みたい心に火をつけろ！—学校図書館大活用術— 木下通子 著

学校図書館には、多様な注文をもった生徒たちがやってくる。学校司書として生徒の「読みたい」「知りたい」に応える様子を紹介。本を読む楽しさや意義も伝える。

856 敗北を力に！　甲子園の敗者たち　元永知宏 著

甲子園での敗北は、選手のその後の人生にどんな影響を与えたのか？　激闘を演じ、最後に敗れた甲子園球児の「その後」を追う。

857 世界に通じるマナーとコミュニケーション　―つながる心、英語は翼―　横手尚子・横山カズ 著

マナーの基本5原則、敬語の使い方、気持ちを伝える英語など、国際化時代に必要な、実践で役立つマナーの基本を紹介します。

858 漱石先生の手紙が教えてくれたこと　小山慶太 著

漱石の書き残した手紙は、小説とは違った感慨を読む者に与える。綴られる励まし、ユーモアは、今を生きる人にもエールとなるだろう。

859 マンボウのひみつ　澤井悦郎 著

光る、すぐ死ぬ、人を助けた、3億個産卵……数々の噂は本当か？　捨身の若きハカセによって、怪魚の正体が、いま明らかに――。　［カラー頁多数］

860 自分のことがわかる本　―ポジティブ・アプローチで描く未来―　安部博枝 著

「自分の強み」を見つける自分発見シートや「なりたい自分」に近づくプランシートなど実践的なワークを通して未来を描く自己発見マニュアル。

861 農学が世界を救う！　―食料・生命・環境をめぐる科学の挑戦―　生源寺眞一・太田寛行・安田弘法 編著

くらしを豊かにし、自然環境を保全し、生き物たちの役に立つ――。地球全体から顕微鏡で見る世界まで、農学には可能性と夢がある！

862 私、日本に住んでいます　スベンドリニ・カクチ 著

日本に住む様々な外国人を紹介します。彼らはなぜ日本に住み、どんな生活をしているのでしょう？　多文化共生のあり方を考えるヒント。

863 短歌は最強アイテム　―高校生活の悩みに効きます―　千葉聡 著

熱血教師で歌人の著者が、現代短歌を通じて学校生活の様子や揺れ動く生徒たちの心模様を描く青春短歌エッセイ。短歌を通じて、高校生にエールを送る。

864
榎本武揚と明治維新
―旧幕臣の描いた近代化
黒瀧秀久
幕末・明治の激動期に「蝦夷共和国」を夢見て戦い、その後、日本の近代化に大きな役割を果たした榎本の波乱に満ちた生涯。

865
はじめての研究レポート作成術
沼崎一郎
図書館とインターネットから入手できる資料を用いた研究レポート作成術を、初心者にもわかるように丁寧に解説。

866
その情報、本当ですか？
―ネット時代のニュースの読み解き方
塚田祐之
ネットやテレビの膨大な情報から「真実」を読み取るにはどうすればよいのか。若い世代のための情報リテラシー入門。

867
〈知の航海〉シリーズ
ロボットが家にやってきたら…
―人間とAIの未来
遠藤　薫
身近になったお掃除ロボット、ドローン、AI家電…。ロボットは私たちの生活をどう変えるのだろうか。

868
司法の現場で働きたい！
―弁護士・裁判官・検察官
打越さく良
佐藤倫子　編
13人の法律家（弁護士・裁判官・検察官）たちが、今の職業をめざした理由、仕事の面白さや意義を語った一冊。

869
生物学の基礎はことわざにあり
―カエルの子はカエル？　トンビがタカを生む？
杉本正信
動物の生態や人の健康、遺伝や進化、そして生物多様性まで、ことわざや成句を入り口に生物学を楽しく学ぼう！

870 覚えておきたい 基本英会話フレーズ130
小池直己
基本単語を連ねたイディオムや慣用的フレーズを厳選して解説。ロングセラー『英会話の基本表現100話』の改訂版。

871 リベラルアーツの学び ―理系的思考のすすめ
芳沢光雄
分野の垣根を越えて幅広い知識を身につけるリベラルアーツ。様々な視点から考える力を育む教育の意義を語る。

872 世界の海へ、シャチを追え！
水口博也
深い家族愛で結ばれた海の王者の、意外な素顔。写真家の著者が、臨場感あふれる美しい文章でつづる。〔カラー口絵16頁〕

873 台湾の若者を知りたい
水野俊平
若者たちの学校生活、受験戦争、兵役、就活……、3年以上にわたる現地取材を重ねて知った意外な日常生活。

874 男女平等はどこまで進んだか ―女性差別撤廃条約から考える
山下泰子・矢澤澄子監修／国際女性の地位協会編
女性差別撤廃条約の理念と内容を、身近なテーマを入り口に優しく解説。同時に日本の課題を明らかにします。

875 〈知の航海〉シリーズ 知の古典は誘惑する
小島毅 編著
長く読み継がれてきた古今東西の作品を紹介。古典は今を生きる私たちに何を語りかけてくれるでしょうか？